Ernst Peter Fischer

Plötzlich klar

Drei Erzählungen aus der Wissenschaft

Bibliografische Information der Deutschen Nationalbibliothek
Die Deutsche Nationalbibliothek verzeichnet diese Publikation in
der Deutschen Nationalbibliografie; detaillierte bibliografische Daten
sind im Internet über http://dnb.de abrufbar
© 2024 by opus magnum, Wiesbaden (www. opus-magnum.com)
Erstauflage, Version 1.01
Umschlaggestaltung unter Verwendung einer Grafik von
jr-art - Adobe-Stock 613339109
ISBN: 978-3-95612-048-0
Herstellung: BOD – Books on Demand GmbH., Norderstedt
Alle Rechte vorbehalten

Ernst Peter Fischer

Plötzlich klar

Drei Erzählungen aus der Wissenschaft

opus magnum

„Es werde Licht!“
So sprach einmal ein Gott,
der sich danach daran machte,
das Leben zu erschaffen,
in dessen Verlauf
Menschen Liebe erfahren können.
Dank dieser Liebe wird neues Leben entstehen,
das zuerst das Licht der Welt erblickt
und sich später darüber wundert,
wieviel Geheimnisse sie alle drei enthalten,
das Licht, das Leben und die Liebe.
Dieser Dreiklang erfüllt die Menschen,
die hörbar mit einem Zauberwort antworten.

E. P. Fischer

Einleitung

Es geht in diesen Texten um drei große Persönlichkeiten aus der Sphäre der Wissenschaft – eine Frau und zwei Männer –, die im 20. Jahrhundert die Naturwissenschaften vorangebracht haben und zwischen denen es zu Kontakten gekommen ist.

Gemeint sind der theoretische Physiker Werner Heisenberg (1901-1976) aus München, der Molekularbiologe Max Delbrück (1906-1981) aus Berlin und die Kernphysikerin Lise Meitner (1879-1968) aus Wien. Sie alle konnten in ihrem Leben einen Moment erleben, in denen ihnen „plötzlich klar" vor Augen trat, wonach sie suchten, was mit ihren Ideen möglich wurde und was sie zu tun hatten.

Alle drei sind eng mit der deutschen Geschichte verbunden, zu der in ihrer Lebenszeit nicht nur zwei Weltkriege und die Verbrechen der Nationalsozialisten, sondern auch die wachsende Bedeutung der Naturwissenschaften für die Kultur im Allgemeinen und ihr zunehmender Einfluss auf die alltäglichen Abläufe im Speziellen gehören.

Doch so richtungsweisend und lebensbestimmend die Naturwissenschaften – also Physik, Biologie, Chemie und andere Disziplinen – auch sind, das deutsche Bildungsbürgertum ignoriert ihre philosophische Qualität und wundert sich über den wahren und weitreichenden Satz, „Wissenschaft wird von Menschen gemacht".

Die meisten Biographien großer Forscherinnen und Forscher aus dem deutschsprachigen Raum werden im Ausland geschrieben – zuletzt zum Beispiel die von Hermann von Helmholtz und immer wieder neue von Albert Einstein –, und ich versuche zwar mit eigenen Bemühungen dagegenzuhalten und habe unter anderem Bücher über Max Planck, Wolfgang Pauli und Rudolf Virchow vorgelegt, aber die Kulturmächtigen hierzulande ignorieren heimische Vertreter der Wissenschaft und ihre Geschichte auf erbärmliche Weise.

Meine auf Deutsch geschriebene Biografie des aus Berlin stammenden Max Delbrück wurde in keiner Zeitung hierzulande, dafür aber ausführlich in englischsprachigen Magazinen besprochen. Es tut in meinen Augen not, mehr von den Menschen zu wissen, die ihrer Gesellschaft die Kenntnisse von Wissenschaft und Technik schenken, die viele für ihr tägliches Brot brauchen. Hier wird der Versuch unternommen, große Gestalten der Wissenschaft durch Erzählungen über ihr Leben und Forschen dem Publikum näher zu bringen.

Die Geschichten handeln von dem unbändigem Verlangen, Wissen zu erwerben und die Prozesse in der Natur zu verstehen, und es geht auch um die Hindernisse, auf die man dabei trifft. Es gibt keinen logischen oder methodischen Königsweg zu der ersehnten Einsicht, aber ab und zu erfahren die Menschen auf der Suche nach der Wahrheit das Glück einer plötzlichen Klarheit. In der Kunst würde man von einem kreativen Augenblick sprechen. Die Wissenschaft erlebte ihren eindrucksvollsten im Jahre 1925. Ihn möchte ich mit diesen Erzählungen feiern.

Licht aus innerer Nacht
– Werner Heisenberg –

Eine erste Erzählung mit Wissenschaft

Es war mitten in der Nacht, als es im Kopf des jungen Mannes, der allein an einem Tisch in seinem Zimmer saß, plötzlich hell wurde. Mit diesem Licht aus der eigenen Finsternis konnte er sich in seiner Phantasie als erster genauer ausmalen, was alle sehen wollten – das Innerste der Welt mit dem dynamischen Geschehen atomarer Wechselwirkungen in diesen Gefilden.

Er hatte sich lange nach solch einem Durchblick gesehnt und bereits kurz nach dem Beginn seines Studiums der Physik vor einigen Jahren angefangen, viele Stunden täglich verbissen nach der Lampe zu suchen, in deren Schein sich das vermutlich wilde Zusammenspiel der Elementargebilde im Zentrum der Materie zeigen und die dort wirkenden Energien erkennbar machen würden. Jetzt konnte er in die Tiefe der Dinge hinein schauen und dabei den Atomen gegenübertreten.

Er wunderte sich über die wahrnehmbare Ordnung mit ihrer unerwarteten Schönheit, die sich vor ihm zeigte und seinem stürmischen Geist offenbarte, und dies erregte ihn ungemein. Der junge Werner Heisenberg wurde in dieser Nacht auf Helgoland von einem ungeheuren Glücksgefühl überwältigt, und er rieb sich verblüfft die jetzt sehend gewordenen Augen.

Der einsam auf der Insel wachende Physiker hatte sich während der vergangenen Tage, die er zur Erholung von einem quälenden Heuschnupfen im Juni 1925 in pollenfreier Meeresluft verbringen musste, nicht nur weiter mit seinen wissenschaftlichen Themen rund um die Atome befasst, sondern die Zeit auf der Insel auch genutzt, um im „Westöstlichen Divan" von Goethe zu lesen und möglichst viele von seinen häufig genug ungewöhnlich formulierten Versen auswendig zu lernen.

Bei dem wundersamen Erblicken der Atome kam ihm die „Selige Sehnsucht" der Dichtung in den Sinn, die er schon länger in sich gespürt hatte und jetzt in der hellen Nacht ihr Ziel zu finden schien. Heisenberg wusste, dank seines inneren Augenblicks brauchte er sich von nun an nicht mehr als „ein trüber Gast auf der dunklen Erde" zu fühlen.

Schließlich hatte er gerade das in Goethes Gedicht genannte Wechselspiel eines „stirb und werde" in seiner Seele erfahren und voller Lebensglück erlebt. Er hatte seiner Wissenschaft, der Physik, ihre alte Form nehmen und durch etwas völlig Neues ersetzen können, die in Zukunft als Quantenmechanik die Welt verändern würde, nicht nur in wissenschaftlicher Hinsicht, sondern vor allem mit globalen wirtschaftlichen und eindringlichen politischen Folgen, von denen Heisenberg in der Nacht auf Helgoland nicht das Geringste ahnen konnte. Es ging ihm nur darum, eine Physik der Atome zu entwerfen, und dieses Ziel schien er nach elend langen Vorarbeiten endlich erreicht zu haben, was ihn in eine euphorische Stimmung versetzte, die ihn trotz Dunkelheit und fehlenden Schlafs ins Freie drängte.

Er verließ in der Morgendämmerung sein Zimmer und gehorchte beim Gehen seinen Beinen, die ihren Weg alleine zu finden schienen. Sie führten Heisenberg zu einem Felsen, um den er bei seinen bisherigen Wanderungen auf der Insel nur herumschleichen konnte, weil ihm das Erklettern als ein zu großes Risiko erschienen war. Doch die Angst des Tages war in der Nacht des Lichts verschwunden. „Stirb und werde" hatte er gelesen. Nichts konnte ihn mehr zurückhalten, und er wagte sich an den gefährlichen Aufstieg, der ihn bis auf die Spitze des Felsenturms führte.

Als er hier glücklich angekommen war, konnte er an dem aufragenden und aufregenden Ort erleben, wie es Tag auf der Erde wurde, deren Bewohnern er gerade ein großes Geschenk gemacht hatte, das ihr Leben massiv verändern würde. Ihm kam die Bemerkung eines Freundes in den Sinn, der meinte, dass man als Wissenschaftler die Welt stärker umkrempeln und umformen könnte als militärische und politische Führer es jemals vermochten, und man konnte dies zum Beispiel als Physiker tun, während man mitten in der Nacht ganz still an einem Tisch sitzt und auf das Meer schaut.

Als die ersten Sonnenstrahlen Heisenberg erreichten und sein Gesicht wärmten, durchlebte er das von Goethe beschriebene „Stirb-und-werde-Gefühl" ein zweites Mal und liebte es erneut. In der emporsteigenden und leuchtenden Morgensonne nahm seine Bereitschaft zu, auf das Festland zurückzukehren, um erst seinen sicher zunächst skeptisch reagierenden Kollegen und danach der ganzen bislang noch im ahnungslosen Schlummer liegenden Welt zu erzählen, was er auf der Insel in der Tiefe der Nacht und der Dinge geschaut und dabei vollbracht hatte. Das Alte war gestorben, das Neue konnte werden, aber es sollte den beschenkten Menschen Mühe machen, sich daran zu gewöhnen. Heisenberg hatte noch eine große Aufgabe vor sich.

Auf der Rückfahrt von Helgoland nach Göttingen versuchte er sich Klarheit darüber zu verschaffen, was ihn nach dem zwar langjährigen und unermüdlichen, aber stets vergeblichen Bemühen ohne sichtbaren Erfolg plötzlich in der Abgeschiedenheit auf der Insel das Licht finden ließ, mit dem er das Innerste der Welt ausleuchten konnte.

Der Weg des Denkens schien seit Jahren sonnenklar vor den Wissenschaftlern zu liegen. Sie konnten sofort mit dem Modell des Atoms anfangen, das jedem Schulkind nahezubringen war. Da gab es einen Kern, um den Elektronen hüllenartig kreisten, die ab und zu ihre Umlaufbahnen wechselten. Bei den dazugehörigen Sprüngen gaben sie Energie ab, die als Licht sichtbar wurde und vermessen werden konnte. Das brauchte man nur noch in geeigneter mathematischer Sprache auszudrücken, und fertig war die Atomphysik – so dachten viele, um immer wieder überraschend bei diesem Vorgehen zu scheitern. Es stimmte einfach, was Wilhelm Buch im 19. Jahrhundert gedichtet hatte, nämlich „erstens kommt es anders, und zweitens als man denkt". Physiker wie Heisenberg bekamen diese Weisheit schmerzlich zu spüren, nachdem sie sich mit dem Beginn des 20. Jahrhunderts davon überzeugt hatten, dass Atome gezählt werden können. Man wusste jetzt, dass es sie wirklich gab und darauf warteten, von der Wissenschaft er- und begriffen zu werden.

Als der Teenager Heisenberg nach dem Ersten Weltkrieg mit dem Studium der Physik begann, ärgerte ihn, dass die Griechen, denen die Menschheit das Wort „Atom" verdankt, die dazugehörige Idee nicht ernst genug genommen und ihre Gedanken nicht auf Fragen der Art gelenkt hatten, wie groß diese von ihnen logisch erschlossenen Gebilde am Ende alles Teilens sein mussten, wie sie aussehen konnten und was sie zusammenhielt, um die Materie zu bilden, die Menschen alltäglich mit ihren Händen anfassen konnten und aus der sie selbst bestanden. Nach der antiken Blüte einer wissenschaftlichen Kultur war es lange Zeit still um die Atome geworden, bis klar wurde, dass die uralte Tradition der Alchemie ihr Versprechen, Blei in

Gold zu verwandeln, nicht einlösen konnte und im 18. Jahrhundert ihre Vorsilbe verlor, um anschließend durch eine solide Wissenschaft namens Chemie ersetzt zu werden. Sie wollte erst einmal wissen, wie sich irdische Elemente bei fortgesetzter Annäherung aus ihren alten Verbindungen lösen können, um anschließend neue einzugehen. Ihre Vertreter sprachen elegant von Wahlverwandtschaften, auf die sich Stoffe einließen, was Goethe aufgriff und den großen Menschen, wie Heisenberg den Dichter des Divans voller Verehrung sein Leben lang nannte, veranlasste, mit Personen und ihren Vorlieben und Kontakten so zu experimentieren, wie Chemiker es mit den Elementen taten, deren Verbindungen sie verstehen wollten.

Das Interesse an Atomen nahm in der Folgezeit des 19. Jahrhunderts mächtig zu, was vor allem durch das Licht bedingt wurde, das sie nicht nur aussenden, wenn die stille Kerze leuchtet, in deren Glut Goethe einen Schmetterling schickt und sich verlieren lässt. Der Poet arrangiert dessen Sterben, nachdem er das „Lebend´ge gepriesen hat, „das nach Flammentod sich sehnet", wie es im Divan heißt und eine Formulierung liefert, die Heisenberg auf sich beziehen konnte. Licht ist Energie, und um sie berechnen oder die Farbe seiner Strahlen vorhersagen zu können, stellten sich die Physiker vor, wie die Elektronen in einem Atom von einer Bahn auf eine andere hüpften, um mit diesen als Quantensprüngen bezeichneten Wechseln den göttlichen Befehl „Es werde Licht!" ausführen zu können.

Die Wissenschaft sah ihre Aufgabe darin, dieses auf den ersten Blick anschauliche Geschehen in ein mathematisches Gewand zu kleiden – doch so fleißig sich die Gemeinde der Forschenden abmühte, sämtliche Rechnungen führten unentwegt zu falschen Vorhersagen, und in dem ganzen System schien der Wurm zu stecken, wenn man auch sicher war, dass die Energie der Atome und des Lichts so sprunghaft in Erscheinung trat, wie die Physiker seit dem Jahre 1900 ohne jeden Zweifel wussten – also schon vor Heisenbergs Geburt. Energie trat in Form von Quanten auf, wie es ab jetzt im Fachjargon hieß. Sie wurde von Atomen in Form von Licht ausgestrahlt, nachdem diese selbst einen Quantensprung unternommen hatten, wie die Fachleute immer besser zu berechnen wussten, die sich Quanten-physiker nannten und die ungeheure Aufgabe vor sich sahen, eine neue Mechanik auszuarbeiten, eine Quantenmechanik.

Zunächst reihte sich ein vergeblicher Versuch an den nächsten, bis das Frühjahr 1925 kam und Heisenberg die Stadt Göttingen, in der er an der Universität arbeitete, fluchtartig verlassen musste, um sein durch Pollenflug stark in Mitleidenschaft gezogenes Gesicht in Helgoland abschwellen zu lassen. Auf der Insel bezog er ein Zimmer mit Balkon, von dem aus er über eine Düne schauen und das Meer betrachten konnte. Dabei spürte er staunend dessen erhabene Unendlichkeit, die er in sich aufzunehmen vermochte und wirken ließ.

Während der Genesung Suchende sich in die Ferne schauend ausruhte, kam ihm plötzlich die Frage in den Sinn, die sein Freund Wolfgang Pauli vor Jahren an der Universität in München aufgeworfen hatte, als beide dort noch zu den Studenten gehörten. „Glaubst du eigentlich", wollte der kaum zwanzigjährige Pauli von dem noch jüngeren Heisenberg wissen, „dass es überhaupt so etwas wie Bahnen der Elektronen in einem Atom gibt?" Sie kann man doch weder sehen noch vermessen, wie die beiden wussten. Wieso meint man denn dann, so könnte Pauli hinzugefügt haben, dass es sich dabei um eine sinnvolle Vorstellung handelt? Vielleicht besteht die Hauptaufgabe der aktuellen Physik gerade darin, sich von diesem naiven Denkschema zu lösen, wenn sie Atome verstehen will, wie Heisenbergs Freund wenig amüsiert vermutete.

Wenige Tage vor dem Verschwinden aus Göttingen und dem Aufbruch nach Helgoland war die Saat von Paulis Zweifel aufgegangen, und während des Spazierengehens in der frischen Luft am Meer nahm in Heisenbergs Gedankenwelt allmählich die phantastische Einsicht immer mehr Raum ein, die man in den einfach klingenden Sätzen zusammenfassen kann, „Die Bahn eines Elektrons kommt erst dadurch zustande, dass jemand sie beschreibt. Sie ist Menschenwerk".

Natürlich bewegen sich Elektronen, und sie wirbeln nachweislich um Kerne im Zentrum von Atomen herum, aber sie sind deshalb nicht automatisch auf den geometrischen und anschaulichen Bahnen unterwegs, wie man sie bei den Planeten während ihrer Runden um die Sonne beobachten und wie sie die klassische Wissenschaft berechnen kann. Vielleicht – so dachte Heisenberg auf seinem Balkon in Helgoland beim Blick in die Ferne – vielleicht kommen die bisherigen theoretischen Bemühungen um die Atome deshalb alle zu falschen Vorhersagen, weil sie mit Größen – wie den soliden Bahnen von Elektronen – operieren, die es zwar im gedanklichen Innenleben eines forschenden Menschen, aber nicht in der materiellen Außenwelt der zu erforschenden Dinge gibt.

Während er darüber nachgrübelte, musste Heisenberg schmunzeln, hatte er doch kürzlich in Göttingen, wo er als Mitglied der Universität sein Geld verdiente, in den Sudelbüchern des Physikers Georg Christoph Lichtenberg eine witzige Wendung gelesen, die auf seine Situation zutraf. Der ebenfalls zu Göttingen gehörige und dort mit einem Denkmal verehrte Lichtenberg hatte sich Gedanken über den viel zitierten Satz gemacht, in dem Shakespeare seinen Hamlet feststellen lässt, dass es mehr Dinge zwischen Himmel und Erde gibt, als sich die Menschen in ihrer Schulweisheit träumen lassen. Dem fröhlich sinnierenden Gelehrten in Göttingen war dabei aufgefallen, dass sich daraus auch umgekehrt ein Schuh fertigen ließ, denn Lichtenberg hatte in seinem Universitätsleben oft genug erfahren, dass man in Lehrbüchern auf eine Menge Dinge stoßen konnte, die in der Wirklichkeit zwischen Himmel und Erde nirgendwo auftauchten.

Zwar führt der Autor der Sudelbücher zum Leidwesen mindestens eines seiner Leser kein Beispiel für seine herrliche These an, aber Heisenberg auf dem Balkon in Helgoland kann an dieser Stelle helfen und sofort eines liefern. Gemeint sind die Bahnen von Elektronen in einem Atom, die bekanntlich noch niemand gesehen hat, die es weder im Himmel noch auf der Erde gibt, mit denen aber die Seiten aller Lehrbücher der Physik gefüllt werden, weil es leicht ist, das zu tun und mit der dazugehörigen Geometrie zu rechnen. Schwer wird ein auf Verstehen angelegtes Gespräch über Atome, wenn man ohne diese Vorstellung des gesunden Menschenverstandes auszukommen versucht, wobei die Hauptfrage für den sich Erholenden auf seinem Balkon auf der Insel lautete, was er an die Stelle der alten Kreisläufe von Elektronen um den Kern setzen sollte. Nach und nach reifte in ihm der kühne Gedanke heran, statt mit einer luftigen Idee – einem gefälligen Modell des Atoms – mit handfesten Messergebnissen zu beginnen, den präzise bestimmbaren Frequenzen des Lichts, das Atome aussenden. Vielleicht sollte man es wagen, wie sich Heisenberg zu ermutigen versuchte, von außen nach innen und nicht andersherum von innen nach außen vorzugehen. Nur: Welches Aussehen würden die Atome bekommen, wenn Menschen sie auf diese Weise entwerfen? Wieviel und welche Freiheit steht den Neugierigen für ihr kreatives Tun im wissenschaftlichen Auftrag zur Verfügung?

Als Heisenberg mit diesen ihn bewegenden Fragen im Kopf Tag für Tag über das weite Wasser schaute, fiel ihm eine zweite Bemerkung von Pauli ein, der nach den geäußerten Zweifeln an der Existenz von geometrisch erfassbaren elektronischen Pfaden im Atom noch seine Ansicht kundgetan hatte, die ganze Physik käme ihm „ungeheuer mystisch" vor, womit er sowohl „ungeheuer" als auch „mystisch" gemeint haben konnte.

Der Klang des zweiten Wortes mit seinen griechischen Wurzeln ist auch in dem „Mysterium" nicht zu überhören, für dessen Übersetzung sich Martin Luther das schöne Wort „Geheimnis" ausgedacht hat, was einen angemessenen Ausdruck für das liefert, was Atome letztlich sind, geheimnisvolle Gebilde. Der Ursprung von Mystik, wie dem klassisch gebildeten Heisenberg bestens vertraut war, weist auf das Schließen von Mund und Augen hin, um auf diese Weise eine spirituelle Erfahrung machen und über sie zu einer Erleuchtung oder Einsicht kommen zu können. In Heisenbergs Fall hieß das konkret, dass er sich entschied, die Bahnen der Elektronen nicht weiter in einem Atom zu suchen, sondern in seinem Denken zu verorten, was ihm schließlich gelingen sollte und es erlaubt, auf eine Wendung des Atombegriffs zu verweisen, die größere Aufmerksamkeit verdient.

Als vor mehr als tausend Jahren das Wort Atom aufkam, meinten seine philosophierenden Urheber damit etwas Unteilbares. Als die Wissenschaft sich vor etwas mehr als einhundert Jahren des Atoms annahm, zeigte sich, dass man solch ein Gebilde sehr wohl teilen und etwa einen massiven Kern von seiner elektronischen Hülle trennen konnte. Bekanntlich ist das Wort Atom – trotz der Widerlegung seiner ursprünglichen Bedeutung – aber nicht verschwunden, es hat vielmehr im Gegenteil seine Popularität und Anwendungshäufigkeit gesteigert, und zwar aus einem erstaunlichen Grund.

Als das alte Unteilbare tot war, haben die Menschen begonnen, das neue Unteilbare zu feiern, das als intime Verbindung zwischen den Phänomenen und ihrer Beobachtung lebt. So wie ein Kunstwerk erst durch seine Rezeption mit dazugehöriger Kritik entsteht und sich den Menschen zu erkennen gibt, so bekommt ein Stück der Wirklichkeit seine Qualität erst durch seine Vermessung oder bei dem Versuch, es zu verstehen. Unteilbar ist nicht das (alte) Atom, untrennbar ist die (neue) Verbindung zwischen dem untersuchenden Subjekt und dem zu erforschenden Objekt. Das neue Atom besteht aus dem alten Atom und dem Menschen, der ihm die Form gibt, die es ohne ihn nicht hat.

Während er sich an das Inselleben ohne professionelle Verpflichtung gewöhnte und zwischen dem Spazierengehen und Baden seine Gedanken sammeln konnte und zu ordnen versuchte, spürte Heisenberg, wie das, was ein Wissenschaftler gewöhnlich als „ein" Problem betrachtet, „sein Problem" geworden war, und um die „Arbeit an meinem Problem", wie er es selbst ausdrückte, konkret voranzubringen, nahm er als Erstes das vor, was im religiösen oder spirituellen Kontext als rituelle Waschung praktiziert wird.

Heisenberg setzt diesen feierlichen Begriff nicht ein und spricht als westlicher Wissenschaftler stattdessen eher rational nüchtern davon, „es gelte, mathematischen Ballast abzuwerfen", wozu er immerhin ein paar Tage braucht, was nach den Jahren der intensiven Beschäftigung mit herkömmlichen Atomtheorien nicht verwunderlich ist. Was er bei dieser Entrümpelung oder Reinigung erreichen wollte, kann man eine einfache (mathematische) Formulierung der Atome nennen, wobei Heisenberg sich in seinem Fall vorgenommen hatte, die nicht beobachtbaren Elektronenbahnen mit ihren Parametern durch die messbaren Frequenzen des Lichts zu ersetzen, das von Atomen ausgesandt

wird, wie Physiker vielfach beobachtet und quanti-
fiziert haben. Er versuchte verzweifelt, Grundlagen
für eine neue – quantentheoretische – Mechanik zu
gewinnen, „die ausschließlich auf Beziehungen zwischen prinzipiell beobachtbaren Größen basiert ist",
wie er in der Arbeit schreibt, die er nach seiner Rückkehr nach Göttingen abfasst und in der „Zeitschrift
für Physik" veröffentlicht. Mit diesem Text hat es
eine besondere Bewandtnis, auf die noch eingegangen wird, nachdem zuvor auf etwas anderes aufmerksam gemacht werden muss.

Es wird aufgefallen sein, dass Heisenberg wiederholt einen Wechsel von innen und außen vollzieht,
denn die hypothetischen Bahnen sind bestenfalls im
Atom, während das reale Licht auf jeden Fall nach
außen kommt und dort mit Instrumenten gemessen wird. Heisenberg hat jahrelang vergeblich versucht, von innen – von mentalen Ideen – her nach
außen – zu technischen Beobachtungen hin – zu
kommen, und nun kehrt er seine Blickrichtung um.

Er beginnt mit den handfesten Daten der Außenwelt und macht sich mit ihnen auf den Weg zu den
imaginierten Atomen der Innenwelt, ohne wissen zu
können, was er dabei findet oder zustande bringt.
Dazu soll die Anmerkung eingefügt werden, dass in
der Zeit, in der Heisenberg sich auf seinen Weg zu
den Atomen machte, eine philosophische Richtung
namens Phänomenologie großen Zuspruch gewann,
die einen Erkenntniszuwachs aus den Erscheinun-

gen der Dinge abzuleiten erhoffte. „Zurück zu den Sachen selbst" lautete das Schlagwort der dazugehörigen Forschung, das hier erwähnt wird, weil es an Heisenbergs Reiseziel im Innersten der Welt genau dies nicht mehr gab. Ein Atom war keine Sache mehr, weshalb der Wanderer am Ziel seines Weges keine Sachen mehr vorfinden und anfassen konnte.

Er war im Zentrum der Dinge mit sich allein. Wie er hier drinnen zu seiner Überraschung feststellen musste, sind Atome alles Mögliche, nur keine greifbaren Dinge, die sich anschauen oder gar anfassen lassen. Atome (mit dem Kopf) zu begreifen meint etwas völlig anderes, als Kügelchen (mit der Hand) zu begreifen. Wer es tapfer versucht, hat es nicht leicht im Innersten der Welt, wie sich zeigte, aber jemand musste sich mutig an einen Aufbruch in dessen Richtung wagen, und Heisenberg gab sich alle Mühe, seiner Wissenschaft dabei voranzugehen und ihr den Zugang zum Zentrum des Geschehens zu öffnen.

Es ist ausgeschlossen, an dieser Stelle bei Heisenbergs Verehrung für Goethe nicht dessen berühmtes Epirrhema zu zitieren, in dem es heißt: „Müsset im Naturbetrachten immer eins wie alles achten. Nichts ist drinnen, nichts ist draußen, denn was innen, das ist außen. So ergreifet ohne Säumnis, heilig öffentlich Geheimnis."

Die Atome sind in diesem Fall das Geheimnis, das Heisenberg ohne Säumnis zu ergreifen versucht, und er spürt und freut sich innerlich, dass er es zu packen bekommt, als er bei seinen nächtlichen Gedankengängen eine Stelle erreicht, an der ihm „keine weitere Freiheit mehr blieb", wie er verwundert und erfreut zugleich feststellt. Von hier an hat die Natur, haben die Atome das Sagen, und ihm bleibt nur, auf ihre Auskünfte zu warten und ihren Stimmen zu folgen. So wie ihn seine Beine außen zu dem Felsen tragen werden, von dem aus er der Sonnenaufgang sehen konnte, so hatten ihn seine Überlegungen innen zu einem Punkt geführt, an dem er der Wahrheit der Atome in ihrer „merkwürdigen inneren Schönheit" gegenüberzutreten vermochte und zugleich erkennen konnte, wie sie sich packen ließen.

Es wird bis zum Ende der 1920er Jahre dauern, bis die von Heisenberg ausgelöste Lawine im Tal ankommt und ihr weit vernehmliches Donnern unvermeidlich das alte Weltbild der Physik erschüttern wird und ein neues aufscheinen lässt. In ihm zeigen sich erstmals die vielen Möglichkeiten, die zur Wirklichkeit werden können, wie ein Physiker, der Romane schreibt, etwa um 1930 versteht und literarisch festhält. Gemeint ist Robert Musil, der dem Helden in seinem „Mann ohne Eigenschaften" über die Wissenschaft zu sinnieren erlaubt, ihm dazu einen Möglichkeitssinn verpasst und beim Blick auf die Geschichte des Erkennens eine wichtige Einsicht in den Mund legt: „Es ist gar nicht richtig", kann man bei Musil lesen, „dass der Forscher der Wahrheit nachstellt, sie stellt ihm nach", und Heisenberg merkt auf Helgoland, wie sie dabei vorgeht. Sie kommt aus dem inneren Dunkel eines Menschen und sorgt für kreative Klarheit im Bewusstsein des sich um Wissen bemühenden Wesens, was eines unübersehbar deutlich macht, nämlich die Tatsache, dass weniger von Logik und noch weniger von einer rationalen Kontrolle des Forschungstriebs oder einem methodischen Vorgehen bei der Suche nach Erkenntnissen die Rede sein kann. An deren Stelle übernehmen das Träumerische und Phantastische das Steuer und bestimmen die Richtung, in der es weitergeht.

Als Heisenberg im Sommer 1925 zurück in Göttingen ist und in einer wissenschaftlichen Publikation seine Kollegen „Über [die] quantentheoretische Umdeutung kinematischer und mechanischer Beziehungen" informieren will – so der Titel der mit dem Nobelpreis gekrönten Arbeit –, die ihm in der Nacht auf der Insel zugänglich geworden ist und ihn bis zum Morgengrauen erregt und zuletzt aus dem Haus getrieben hat, da bringt er bei aller Klarheit seines Denkens und einzelner Sätze nur einen Text zustande, dessen professorale Beurteilung zwischen „Magie" und „Mystik" schwankt und einige Kollegen zur Verzweiflung treibt.

Kritisch rational orientierte Leser bekommen mit Heisenbergs Manuskript ein mystisch irrationales Gewebe aus Worten vorgesetzt, wobei keiner der staunenden Kommentatoren für falsch hält und verwirft, was Heisenberg – wenn auch anfangs den gewöhnlichen Verstand transzendierend – aufgeschrieben hat und vorführt. Man lässt sich eher im Gegenteil durch die mystische Dimension seiner Gedanken von der Reinheit und Wahrheit in Heisenbergs Gedanken erfüllen und versteht plötzlich die wissenschaftlich eher abseitig wirkende Ansicht besser. Sie hat der Quantenmechanik oder Atomphysik schon früh bescheinigt, mit den unvermeidlichen Quantensprüngen, dem Quantum der Wirkung eine irrationale – eine nichts als hinnehmbare und auf keinen Fall ableitbare – Größe in ihre Beschreibung oder Theorie der Natur aufgenommen zu haben.

Heisenberg beginnt also beim Licht, und er macht die Frequenzen der Strahlen, die Atome aussenden, zum Ausgangspunkt seines wissenschaftlichen Abenteuers, das heißt, er konzentriert sich auf die abgegebene Energie, die er dadurch – im Gegensatz zu den Bahnen der Elektronen – als beobachtbare (observable) Größe der abstrahlenden Atome nutzen kann.

Man darf sich die Energie nicht als die banale Größe vorstellen, die Haushalten den Strom liefert und von Kunden bezahlt werden muss. Energie ist tiefer als der Alltag gedacht, und sie kann sich und die Welt unentwegt wandeln. Sie vermag aus dem Möglichen etwas Wirkliches werden zu lassen, also dem Atom die Möglichkeiten zu geben, das Licht zu produzieren, das die Welt sichtbar macht.

Die Idee der Energie ist so alt wie das Konzept des Atoms, und verschiedene Kulturen haben unterschiedlich ausgedrückt, was sie von ihr halten und wie sie ihre Wirkkraft bewerten oder einschätzen.

In Europa mit seiner westlichen Wissenschaft und ihrem technischen Anspruch verstand man unter Energie lange Zeit etwas, das Maschinen brauchen, um ihre Funktionen zu erfüllen. Dazu dient Energie natürlich auch – sie wandelt dabei zum Beispiel Wärme in Arbeit um –, in der Energie steckt aber sehr viel mehr, und sie verdient zum Beispiel den geistigen Respekt, der ihr in dem berühmten Tao Te King des Laotse mit seinen chinesischen Weisheiten entgegengebracht wird, der in der Energie eine „schöpferische Urmasse allen Werdens" ausmacht und sie als „schon da seiend vor der Entstehung von Himmel und Erde" charakterisiert.

Die westliche Wissenschaft kennt immerhin einen Erhaltungssatz für die Energie, die demnach im Laufe der Zeit in ihrer Gesamtheit weder erzeugt noch vernichtet werden kann, weshalb sie immer und überall und erst recht vor allem anderen und von Anfang an in der Welt vorhanden gewesen sein muss.

Das Vertrackte ist, dass sich die geheimnisvoll bleibende Energie bei aller Konstanz dauernd wandeln kann, ohne dass sie selbst die Richtung festlegen würde, die die von ihr befeuerten Entwicklungen nehmen. Energie bleibt trotz unveränderlicher Gesamtmenge konkret unfassbar und tritt stets anders in Erscheinung, als man gerade denkt. Doch selbst wenn die Wissenschaft nicht genau zu definieren oder fixieren vermag, was Energie ist, findet man niemanden weltweit, der mit dem Wort nichts anzufangen und es einzusetzen wüsste.

Jeder Mensch versteht die Idee der „Energie", die ihm oder ihr selbst als psychische Qualität zukommt, was den Gedanken nahelegt, dass nicht nur das Leben, sondern erst recht das Denken ohne Energie nicht zurechtkommen kann. Dies verleiht der vertrauten physikalischen Größe eine erstaunliche archetypische Qualität, wie die Psychologie sagen würde und wie leicht außer Acht gelassen wird.

Ihre Vertreter stellen sich und uns Archetypen als Ausgangspunkt menschlicher Vorstellungsmuster vor, deren wundersame Wirksamkeit für die Wissenschaftsgeschichte durch den großen Johannes Kepler bestätigt worden ist, der in seinen Schriften im 17. Jahrhundert wiederholt versichert hat, dass ihm seine großen Entdeckungen dadurch gelungen sind, dass er die Beobachtungen der äußeren Welt mit seinen inneren Bildern – vorgegebenen Ideen mit archetypischer Qualität– zur Deckung bringen und über ihre Passung zu Erkenntnissen kommen und sich darüber unbändig freuen konnte – wie es Heisenberg auf Helgoland erlebt hat.

In der Nacht auf der Insel drängt sich das Archetypische der Energie in Heisenbergs Gedankenwelt und setzt sich dort fest. Er spürt, dass es mit allen Mitteln gilt, die Energie zu beherrschen, und er schreibt alle Zahlenwerte, die gemessen wurden und ihm für seine Rechnungen zur Verfügung stehen, auf ein Blatt Papier, wobei bei seinem Bemühen, ihnen ein systematisches Aussehen zu verleihen, sich wie von selbst eine eigenartige Ordnung oder Anordnung einstellt.

Heisenberg meint, bloß eine Tabelle der Energiewerte anzulegen, und so merkt er nicht, welcher Geniestreich ihm da wirklich unbewusst gelingt, wozu ihn sein unbändiges, kreatives und in dem Sinne künstlerisches Verlangen befähigt, mit dem eigenen Innen das allgemeine Außen auf- und anzunehmen und sich einzubilden. Der im Dunkel nach den Atomen Ausschau Haltende erfindet bei seinem Suchen eine Rechenmethode neu, die Mathematiker im 19. Jahrhundert ersonnen haben und bei der sie anstelle einer Zahl eine Matrix einsetzen, wie man eine rechteckige Anordnung von Elementen – meist Zahlen – seit 1850 nennt.

Das Wort „Matrix" leitet sich wie die Bezeichnung für die „Materie" von der lateinischen „Mutter" her, also der „mater", und wer mit diesen mathematischen Muttertieren in Form von Matrizen operierte, wollte nicht nur die (oftmals physikalischen) Größen verstehen, die man mit Scharen von Zahlen erfassen konnte, sondern auch einen Überblick über deren Kombinationsmöglichkeiten mit vielen Übergängen bekommen. Wissenschaftlich gesehen ging es Heisenberg ebenfalls genau um diese Fähigkeit, nämlich berechnen zu können, wie sich die einzelnen Qualitäten auf der atomaren Ebene gegenseitig beeinflussen konnten, um dem Ganzen der Materie die Eigenschaften zu geben, die sich in der Alltagswelt bemerkbar machten und vermessen ließen.

Da Matrizen zum funktionierenden Werkzeug phantasievoller Mathematiker beiderlei Geschlechts gehörten, konnte man sagen, dass sich in ihrer Konstruktion allgemein eine humane Denkmöglichkeit bemerkbar macht, der Heisenberg auf Helgoland träumerisch und unbeirrt erneut auf die Spur gekommen ist. Er hat sie in der geschilderten Nacht als Methode des wissenschaftlichen Bewusstseins erkannt, erneut ans Licht geholt und damit das Rad ein zweites Mal erfunden.

Wenn einer auf etwas trifft, das er gar nicht gesucht hat, spricht man im Angelsächsischen von Serendipity, wobei sich dieses schöne Wort von der alten Bezeichnung für Ceylon ableitet, die sich bei arabischen Händlern findet. Um 1300 hat ein persischer Dichter ein Märchen über „Drei Prinzen aus Serendip" geschrieben, die nicht nur viele unerwartete Entdeckungen machen, während sie sorglos unterwegs sind, sondern ihre einzelnen Eindrücke zudem in einer sinnvollen Erzählung bündeln, wie es Heisenberg auf Helgoland hinbekommt, als er die verschiedenen Energiewerte in eine Matrix verpacken und mit ihnen das atomare Geschehen mental bändigen kann.

Nach den ersten tastenden Versuchen mit den rechteckigen Zahlenzusammenstellungen beginnt er hektisch zu rechnen, um zu prüfen, ob seine Anordnungen mit den daraus folgenden Überlegungen und Kalkulationen den Satz von der Erhaltung der Energie erfüllen, der ihm auf und in der Seele brennt. Seine Erregung wächst, als er sich überzeugen kann, dass dies der Fall ist. Und auch wenn ihm bei diesem Treiben die gewohnten Freiheiten beim Einsatz seiner mathematischen Fähigkeiten nicht weiter zur Verfügung stehen, erkennt Heisenberg im Laufe der Nacht, dass sein Rechenschema den Energiesatz ohne Zwang erfüllen kann. Er spürt, dass es jetzt eine Physik der Atome gibt, und Heisenbergs Seele hüpft vor Freude, nachdem er sie auf Helgoland mehr er- als gefunden hat.

Bei allem inneren Jubel bleibt sein äußerer Blick ausreichend klar, um sich über ungewohnte Qualitäten seiner Zahlenrechtecke — sprich: Matrizen — zu wundern. Wer sie miteinander multiplizieren will, muss anders als bei Zahlen die Reihenfolge beachten. Während bei ihnen a mal b gleich b mal a ist — drei mal vier ist dasselbe wie vier mal drei —, halten sich Matrizen nicht an dieses kommutative

Gesetz, wie man sagt. Wenn mit P und Q jeweils eine Matrix bezeichnet wird – die Buchstaben wurden aus physikalischen Gründen gewählt, weil in dieser Wissenschaft der Impuls eines Objektes mit p und sein Ort mit q bezeichnet wird, was sich mehr oder weniger zufällig im Laufe der Geschichte so ergeben hat –, wenn also mit P und Q Matrizen für den Ort oder Impuls einer physikalischen Größe im Atom bezeichnet werden, dann kann man fragen, was die Differenz ihrer Produkte ist, was also PQ-QP ergibt, auch wenn dies beim ersten Lesen belanglos zu sein scheint und wenig Interesse hervorruft.

Doch als Heisenberg nach seinem Inselerlebnis wieder in Göttingen ist und seinem Chef Max Born sein Nachtgefühl mit der plötzlichen Klarheit schildert, kommt der mathematisch versierte Physiker ins gelehrte Grübeln, was auch dadurch bedingt ist, dass Heisenberg seine allgemeine Erleuchtung an einem einfachem Modell ausprobiert hat, um sich Gewissheit über seine neue Physik zu verschaffen. Es geht um oszillierende Gebilde, die Ähnlichkeiten zu Atomen haben, deren Elektronen ja irgendwie schwingen müssen. Um solche tanzenden und hüpfenden Bewegungen mathematisch elegant behandeln zu können, setzt die Wissenschaft schon seit Jahrhunderten eine Funktion mit einem Imaginärteil ein, wie man einfach sagen kann, ohne die Hoffnung zu haben, dass der gewöhnliche Laie dabei nickend sein Verständnis anzeigt.

So schön die Mathematik am Ende ist, so schwer kann sie es manchen Menschen am Anfang machen, die sie nutzen und verstehen wollen. Viele von ihnen haben sich schon früh in der Geschichte ihrer Disziplin darum bemüht, Gleichungen zu lösen, um etwa vorhersagen zu können, wie viele Pfannkuchen sich aus einer Schüssel mit Teig machen lassen.

Dazu muss man das vorbereitete Backvolumen in eine Zahl von Fladenflächen umrechnen, und wie man sich erinnern wird, werden die Größen eines ebenen Gebildes mit dem Quadrat einer Länge und der Inhalt eines Topfes mit der drittem Potenz angegeben, und wer die Zahl der Pfannkuchen berechnen will, kann dazu das aufstellen, was Experten mit dem schönen Wort Polynomial Gleichung bezeichnen, das man einfach auf sich wirken lassen kann, es sei denn, man verfügt über die Fähigkeit, nach einer Lösung für sie zu suchen.

Mathematiker versuchen so etwas seit den Tagen der Renaissance, und sie haben schon früh bemerkt, dass ihnen bei der Erledigung dieser Aufgaben mehr geliefert wird, als sie bestellt haben. Die Bedingungen solcher Gleichungen können nämlich auch mit Zahlen erfüllt werden, die es in der Wirklichkeit nicht gibt. Draußen in der Welt vor den Augen der Mathematiker findet man nur die realen oder reellen Zahlen, mit denen sich Messergebnisse oder Geldsummen angeben lassen. Drinnen in der Welt hinter den Augen der Mathematiker lassen sich zusätzliche

Zahlen ausmachen, vor denen sich die Rechenkünstler anfangs gefürchtet haben, bis sie im 18. Jahrhundert als „imaginär" bezeichnet wurden. So wie sich die real auffindbaren – die reellen – Zahlen aus der Einheit einer 1 (Eins) aufbauen lassen, können die imaginären Zahlen aus einer Einheit gebastelt werden, die als i bezeichnet wird, weil sie imaginär ist. Das kleine i ist gleich der Wurzel aus (-1), also gilt $i=\sqrt{-1}$ oder quadriert und gleichwertig $i2=-1$. Das kleine i ist damit die Lösung der einfachen Gleichung $x2+1=0$, was zwar simpel erscheint, es aber in sich hat.

Als sich die Mathematiker im 18. und 19. Jahrhundert an das i gewöhnt hatten, begannen sie mit seiner Hilfe periodische Bewegungen zu berechnen, was deshalb möglich ist, weil das i durch wiederholtes Multiplizieren mit sich selbst einen Umlauf absolviert und dabei einen Kreis bildet (Abbildung Ring i), wie man nachrechnen kann: Denn i mal i ist minus 1, minus 1 mal i ist minus i, minus i mal i ist plus 1, und plus 1 mal i ist wieder i. Das i kann also helfen, das kreisförmige Umlaufen von Elektronen mathematisch elegant zu erfassen, was die Physiker im frühen 20. Jahrhundert versucht haben und Heisenberg und Born bestens bekannt war, wenn sie dabei auch anfangs noch keine Verbindung zu den Atomen sahen.

Als die beiden nun in Göttingen auf das Matrixgebilde PQ-QP starrten und wissen wollten, wie

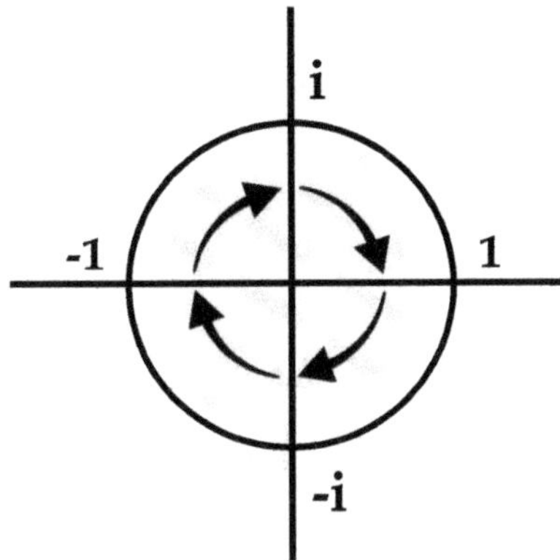

Der Ring i entsteht, wenn man mit der imaginären Einheit i beginnt und sie viermal mit sich selbst malnimmt. Auf diese Weise entsteht ein Einheitskreis, der ein Innen durch ein Außen schafft, wobei die umkreiste Fläche genau so groß wie die Kreiszahl Pi. Das Imaginäre führt zum Transzendenten.

man den Unterschied der beiden Produkte genauer ausmachen kann, geriet vor allem Born immer tiefer ins Grübeln, und er spürte, wie dabei etwas in ihm in Bewegung geriet und aus seiner Seele heraus ans Tageslicht drängte.

Es gibt einen Cartoon des amerikanischen Zeichners Sidney Harris, der einen Gelehrten mit Kreide in der Hand vor einer Tafel zeigt, auf der links und rechts gescheit wirkende Formeln zu sehen sind. Dazwischen sieht man ein wildes Gewirr von Strichen, die eine Verbindung herstellen sollen. Der Gelehrte zeigt auf dieses Knäuel und sagt dazu, „Und hier geschieht ein Wunder."

So etwas muss auch in Göttingen passiert sein, als Born plötzlich den wunderlichen Durchblick bekam und aufzuschreiben wusste, was PQ-QP ergibt, nämlich h/2πi, was auf Anhieb unbegreiflich erscheinen muss, aber noch ausgeführt wird. Borns Unruhe hatte mit Heisenbergs Idee der Nichtvertauschbarkeit begonnen und jetzt Früchte getragen. Doch so richtig und wichtig sein Vorschlag für die Differenz der Matrizenprodukte auch zu sein schien, Born konnte sich nur über sich selbst wundern, und anderen gegenüber murmelte er bei allem Stolz etwas davon, er habe das Ergebnis einfach erraten, wobei er sich mit diesem Glückstreffer wie ein Seefahrer vorkam, der nach langer Irrfahrt endlich das ersehnte Land sieht und jetzt die Richtung erkennt, die zum Ziel führt.

Es ist nötig, etwas mehr über die vier Zeichen in Borns Wunderformel zur Klärung von Heisenbergs Geniestreich zu sagen, mit dem sich andeutet, dass das Ergebnis von Messungen von der Reihenfolge anhängt, in der sie vorgenommen werden. Es macht einen Unterschied, ob man erst den Impuls und dann den Ort eines Gebildes mit atomarer Größenordnung bestimmt oder umgekehrt vorgeht, und die entstehende Differenz hängt an vier Zahlen, die es alle in sich haben – an h, an π, an i und an der 2 – an h/2πi eben, wie Born wundersamer erraten hat.

Die physikalische Konstante h ist irrational, wie die Physiker meinen, die geometrische Kreiszahl π

ist transzendent, wie Mathematiker bewiesen haben, die imaginäre Einheit i gibt es in Wirklichkeit gar nicht, und die 2 bringt als einzige gerade Primzahl auch ihre Besonderheit mit, wobei sie in Verbindung mit dem π daran erinnert, dass 2π den Umfang eines Kreises mit dem Radius 1 angibt, was den Physikern anzeigt, dass es sich bei Atomen letztlich doch um rundliche Gebilde oder periodische Abläufe handelt, auch wenn dabei keine Bahnen mit geometrischer Präzision auszumachen sind.

Diese Drehfähigkeit kommt auch bei den elementaren Teilchen im Innersten der Welt selbst zum Tragen, weisen sie doch einen Eigendrehimpuls auf, der in der Physik als Spin bezeichnet wird. Solche rotierenden Bewegungen erweisen sich als besonders stabil, wie man im Alltag an geworfenen Bällen erkennen kann, die eigens eine Drehung mit auf den Weg bekommen, um ihr Ziel auf dieser Weise sicher zu finden, und selbst ein scheinbar nur geradeaus rollendes Fahrrad führt kleine Kurvenbewegungen aus, um seine Bahn zu halten und nicht umzufallen. Stabilität ist das Gegenteil von Starrheit und kommt durch Dynamik zustande, am besten durch Drehungen.

Übrigens: Das 2π scheint derart tief in der Natur verankert zu sein, dass es den Physikern in Fleisch und Blut übergegangen ist und sie statt der ursprünglichen Konstanten h, dem Quantum der Wirkung, ihren durch 2π geteilten Wert in die Formeln einbauen, wobei die h/2π mit ℏ bezeichnen, das als „h quer" ausgesprochen wird. Dies ist der entscheidende Schlüssel, der das Tor zur Quantenwelt öffnet und fragen lässt, was sich aus der Relevanz von h/2πi oder ℏ/i lernen lässt. Darum soll es jetzt gehen.

Wenn man der naheliegenden Ansicht ist, dass sich in den physikalischen Gleichungen die mentale Natur dem Menschen zu erkennen gibt, dann kann man jetzt fragen, was sie ihren neugierigen Beobachtern mit der Verbindung aus i und ℏ zeigen oder klar machen will. In dem Fall kann versucht werden, den Gedanken ernst zu nehmen und zu nutzen, dass das für eine Erfassung des Wirklichen notwendige Auftreten von i und ℏ mit den imaginären und transzendenten Qualitäten der beiden Symbole einen Einblick in den Urgrund der Dinge zulässt, in der die Möglichkeiten bereitgehalten werden, mit deren Hilfe die Wirklichkeit entstehen kann, die Menschen erleben und zu verstehen versuchen. Anders und kürzer gesagt, i und ℏ können als „Ursachen" des Daseins dienen, wenn man den Begriff „Ursache" wörtlich nimmt und ihm mehr zutraut, als eine kausale Relation zu beschreiben, nämlich etwas, aus dem die Sachen hervorgehen wie ein Wald aus einem Urwald oder die Formen aus einer Urform.

Wenn man der anderen Ansicht ist, dass die Gleichungen der Physik freie Schöpfungen von Wissenschaftlern sind, die in der Absicht entworfen werden, die Natur durch die selbst geschaffenen Formen fassbar oder erfassbar zu machen, dann kann man sich oder andere fragen, aus welchen Tiefen des Bewusstseins sich zum einen das imaginäre i meldet und was zum zweiten der transzendenten Zahl π ihren Auftritt ermöglicht, die in dem ħ steckt, und zwar im Nenner, durch den alles geteilt wird.

Was auf jeden Fall zu beachten ist: Sowohl i als auch π führen das Nachdenken auf dieselbe geometrische Größe, die man Einheitskreis nennt. In der realen Welt hat ein Kreis mit dem Radius 1 den Umfang 2π, und in der komplexen Zahlenebene mit imaginärer Achse kann man durch vierfach wiederholtes Malnehmen von i mit sich selbst die Reihe i, -1, -i, 1, i durchlaufen und dabei konstruieren, was der Physiker Wolfgang Pauli als Ring i bezeichnet hat und oben gezeichnet worden ist. Solch ein imaginärer Kreis teilt die Welt in ein innen und außen oder in ein drinnen und draußen ein, was Goethe in seinem bereits angeführten Epirrhema empfiehlt, als das Eine zu betrachten, aus dem „ein Vieles" hervorgeht. Der Dichter erkennt dabei ein „Heilig öffentlich Geheimnis", das die forschenden Menschen aus den Gleichungen anstarrt, mit denen sie sich über die Atome verständigen.

Heisenberg hat natürlich so schnell und ausführlich wie möglich seinen einstigen studentischen Inspirator Pauli informiert. Der schrieb jubelnd zurück, endlich werde es heller Tag in der Quantenmechanik, und Pauli spricht begeistert davon, dass „Lebensfreude und Hoffnung" mit Heisenbergs Matrizen zurückgekehrt seien. Er mahnt aber zugleich an, es gelte jetzt, den physikalischen Kern der neuen Mechanik besser freizulegen und die Theorie vom „formalen Göttinger Gelehrsamkeitsschwall" zu befreien, wie er sarkastisch anfügt.

Heisenberg beginnt bei aller Erleichterung über die Zustimmung des Freundes zu ahnen, dass mit seiner Version einer Quantenmechanik zwar das erste, aber noch nicht das letzte Wort über die Atome und ihre physikalische Erfassung gesprochen war, und Anfang 1926, als Heisenberg gerade Gelegenheit hatte, in dem ersten öffentlichen Vortrag seine Sicht der atomaren Dinge in Berlin vorzustellen und dabei auch mit Albert Einstein sprechen konnte, dringt unüberhörbar das dröhnende Geräusch eines dramatischen Paukenschlags durch die wissenschaftliche Welt, mit dem etwas völlig Neues angekündigt wird, das die Göttinger Sicht zu verdrängen droht.

Einstein hatte viele Zweifel an Heisenbergs Theorie geäußert und sich gewundert, dass sein Gegenüber trotz aller Einwände und bei noch ausstehenden Bestätigungen experimenteller Art fest und unerschütterlich an die Qualität und Korrektheit seiner schwer nachvollziehbaren Vorschläge glaubte.

Heisenberg wunderte sich in dem Gespräch über etwas anderes, nämlich dass Einstein die Rolle der

Fantasie in der Physik herunterspielte und skeptisch reagierte, als ihm sein jugendliches Gegenüber etwas davon erzählte, man müsse sich in Phänomene eher hineinfühlen als hineindenken.

Mitten in die Debatte kam dann der Paukenschlag, mit dem plötzlich und hoffnungsfroh angekündigt wurde, dass sich doch eine anschauliche Beschreibung der Vorgänge in der atomaren Sphäre geben lasse, was die vielen Physiker, die noch aus dem 19. Jahrhundert übrig geblieben waren und mit Heisenbergs Abstraktion nicht nur nicht zurechtkamen, sondern sich von ihr angewidert zeigten, in Begeisterung versetzte.

Verantwortlich für die Aufregung war der aus Wien stammende Theoretiker Erwin Schrödinger, der den Winter 1925/26 im schweizerischen Arosa verbracht und hier in den verschneiten Bergen ein Wunderwerk an mathematischer Eleganz zu Papier gebracht hatte, das die Atome vollkommen anders beschrieb als Heisenbergs Ansatz. Schrödinger war es in seinen Ferien, die er nicht mit seiner Ehefrau, sondern mit einer Freundin verbrachte, in einer verzweifelten Anstrengung mit höchster Konzentration gelungen, eine Gleichung – die heutige Schrödinger Gleichung – aufzustellen, die das Innerste der Welt als ein Bündel aus Materiewellen erfasste, womit konkret gemeint ist, dass sich in seiner Sicht die Elektronen in einem Atom als Wellen verhalten und auch so verstehen lassen sollten. Schrödinger kam in Arosa nicht auf die Skipiste, nachdem er vor der Reise eine Idee des aus dem französischen Adel stammenden Physikers Louis de Broglie aufgegriffen hatte, mit dem ihm der große Coup gelang, der die Menschen aufhorchen ließ.

Der Ausgangspunkt von Schrödingers Arbeit steckte in einem ästhetischen Bedürfnis von de Broglies, der schon lange unter der Tatsache gelitten hatte, dass seine Wissenschaft in ihrem philosophischen Kern eine wohlgefällige Symmetrie vermissen ließ. Der große Einstein hatte zwar 1905 die Physik vorangebracht, als er zeigen konnte, dass es Eigenschaften von Licht gab, die sich nicht durch die Vorstellung erklären ließen, seine Energie breite sich eine Welle aus.

Wenn Licht auf Materie traf, tauschte es Teile davon mit den dort versammelten Atomen sprunghaft aus – eben in den damals noch völlig neuen und ungewohnten Quantensprüngen –, was Einstein vorschlagen ließ, das Licht aus solchen Energiepäckchen in Form einzelner Quanten oder Teilchen bestehen zu lassen. Dies konnte zwar die experimentellen Dateien bestens beschreiben, brachte aber ein Dilemma der besonderen Art mit sich. Einsteins Lichtpartikel führten nämlich dazu, dass sich berühmte Kollegen gegen den damals noch jungen Ideengeber stellten und seinem offensichtlichen Fehlgriff mit wachsendem Unverständnis begegneten.

Die Gemeinde der Physiker vor Einstein glaubte fest an die Zuverlässigkeit einer methodischen Aufklärung, deren Vertreter mit der unerschütterlichen Überzeugung ans Werk gingen, dass es auf eine vernünftige Frage genau eine vernünftige Antwort geben musste, die sich ausmachen ließ und der nichts widersprechen konnte, was bedeutete, dass mit ihrer Hilfe die untersuchte Sachlage abschließend aufgeklärt sei. Nun hatte man sich im 19. Jahrhundert umfassend davon überzeugt, dass Licht eine (elektromagnetische) Welle war, und damit konnte Einsteins Idee von Lichtteilchen doch nur Unsinn sein und in die Irre führen. Oder?

Nachdem sich Einsteins anfangs absurd und abwegig erscheinender Gedanke von Lichtpartikeln, die bald Photonen getauft wurden, allen Zweifeln zum Trotz als zutreffend erwiesen hatte und er 1921 für die dadurch sich als korrekt erweisende Theorie der Wirkung von Licht auf die elektrische Leitfähigkeit von Metallen den Nobelpreis für Physik erhielt, hatte Heisenberg gerade mit seinem Studium begonnen, bei dem er sich wie alle anderen auch mit Einsteins Ansichten von Raum und Zeit auseinandersetzen musste, die weniger mit den kleinsten und mehr den größten Dingen zu tun hatte.

Gemeint ist, dass Einstein neben den atomaren auch die kosmischen Dimensionen der Welt ins Visier genommen hatte, wobei er zum besseren Verständnis des Universums eine spezielle und eine allgemeine Relativitätstheorie vorgelegt hatte. Bei ihrem Studium fiel Heisenberg auf, dass er dank seiner überragenden mathematischen Begabung zwar keine Mühe hatte, Einsteins Theorien rechnerisch nachzuvollziehen, dass er aber daran scheiterte, die neuen Vorstellungen, die Einstein dabei für Raum und Zeit entwickeln musste, mit seinem Herzen zu verstehen.

Da klaffte zum Beispiel eine Lücke zwischen dem wissenschaftlich möglichen und dem alltäglich vorzunehmenden Verständnis von Zeit, wie der Studienanfänger Heisenberg zu seiner Überraschung spürte, und woran er sich erinnerte, als er merkte, wie sein eigenes theoretisches Erfassen von Atomen nicht nur das Denken einiger Kollegen, sondern den gesunden Menschenverstand allgemein rat- und hilflos zurückließ, sodass wissenschaftlich orientierte Gesellschaften wie die des Westens ein Problem bekamen, das sich bald zu einer Bildungskatastrophe ausweitete, mit der sie bis heute nicht zurechtkommen und eher hilflos umgehen.

Zurück zu dem Pariser Prinzen de Broglie, dessen ästhetische Vorstellungen sich in den frühen 1920er Jahren daran störten, dass zwar das immaterielle Licht einen dualen Charakter erkennen ließ, dies aber nicht auf sein materielles Gegenstück zutraf, die Elektronen. Er wollte dies ändern und die dazugehörige Symmetrie zustande bringen, wie er in seiner Doktorarbeit ausführte und was ihn tief befriedigte, als er die dazugehörigen Formeln auf dem Papier vor sich sah. Das heißt, eigentlich konnte jemand, der sich wie er so etwas vornahm, nur als verrückt oder wahnsinnig bezeichnet werden, weil den negativ geladenen Bestandteilen von Atomen zugemutet wurde, sich als Welle zu bewegen.

Immerhin hatte man bei diesen Teilchen nachweisen können, dass sie über eine Masse verfügen, und das schloss den Gedanke an eine Welle aus, mit der Interferenzerscheinungen möglich werden. Licht plus Licht kann Dunkelheit ergeben – wenn sich die Wellen gegenseitig auslöschen –, aber Masse plus Masse kann doch wohl keine Leere erzeugen – dachte man damals jedenfalls. Heute nutzen die Menschen längst Elektronenmikroskope, was bedeutet, dass die hier eingesetzten Ladungsträger mit ihren Massen wie Lichtwellen behandelt und die dazugehörigen Eigenschaften genutzt werden können, wie sich in de Broglies Dissertation nachlesen lässt, wobei sich viele Menschen immer noch nicht an diesen Gedanken gewöhnen können, wie sie merken, sobald sie sich näher darauf einlassen. Man hat es nicht leicht, mit der Physik.

Wie dem auch sei: Als Schrödinger von de Broglies Idee zu Rettung der atomaren Ästhetik hörte, setzte er Himmel und Hölle in Bewegung, um sich eine Kopie der Dissertation zu verschaffen, was heute per Knopfdruck im Internet möglich ist. Schrödinger hatte Erfolg, nahm das Manuskript mit in die Schweizer Berge und zerbrach sich den Kopf über die Frage, wie man aus der hier notierten Idee von Elektronenwellen Gleichungen für Materiewellen insgesamt entwickeln könnte, Wellengleichungen für die Atome eben. Sie liegen inzwischen vor, sind heute nach Schrödinger benannt und im Laufe der Jahre zu dem wahrscheinlich am häufigsten eingesetzten Werkzeugen der theoretischen Physik geworden, was Heisenberg sicher nicht amüsiert und eher neidisch gemacht und grummeln gelassen hat.

Zwar erfreute ihn allgemein, dass Schrödinger neben der Herleitung seiner eigenen Quantenmechanik, die bald Wellenmechanik genannt wurde, noch zusätzlich sauber zeigen konnte, dass Heisenbergs Matrizen als völlig äquivalente Beschreibung der atomaren Sphäre zu denselben Ergebnissen wie sein mathematisches Vorgehen führten. Aber die Übereinstimmung konnte nicht verhindern, dass Schrödingers Materiewellen unmittelbar viel Zuspruch erhielten, enorme Popularität gewannen und selbst gestandene Nobelpreisträger der Physik eine Zeitlang dazu brachten, voller Freude das Ende von Heisenbergs Quantenmechanik zu verkünden und zu prophezeien, dass der Spuk mit den Quantensprüngen bald vorüber sei und alles wieder auf klassischen Gleisen dahinfahren würde. Heisenbergs „Atomystik" – anders geschrieben sowohl als Atomistik als auch als Atom Mystik – wurde ebenso öffentlich der Lächerlichkeit preisgegeben wie die von ihm und

Born als relevant eingestufte imaginäre Dimension atomarer Größen.

Selbst Schrödinger meinte anfangs, seine Wellenfunktion würde höchst traditionell funktionieren und es Vertretern einer Common-Sense-Physik erlauben, sich ein Elektron als die reale Welle eines Kügelchens in einem Atom vorzustellen und seine Eigenschaften zu berechnen, und es dauerte einige Zeit, bis er einsah, dass nichts weiter von der Wahrheit entfernt sein konnte als dieses realistische Theater, was Heisenberg immer so gesehen und unentwegt betont hatte.

Schrödinger unternahm noch viele Versuche, von der „verdammten Quantenspringerei" loszukommen, wie er öffentlich schimpfte, aber die physikalischen Verhältnisse, sie waren einfach nicht so einfach, und bald räumte der resignierende Vater der Wellenmechanik ein, dass die Lösung seiner Gleichung etwas anderes als ein vibrierendes Teilchen im Atom beschrieb. Aber was genau konnte man mit der Schrödinger Gleichung ausrechnen?

Max Born machte bald Ernst mit dem Gedanken, dass es bei der neuen Physik von Heisenberg und Schrödinger um die Möglichkeiten ging, die auf der Ebene der Atome darauf warten, sich in der Realität zu zeigen und auszuwirken, und so schlug Born vor, dass die Lösung der Wellengleichung zu der Kenntnis der Wahrscheinlichkeit führen kann, ein Elektron in einem gegebenen Zustand zu finden.

Als die Schwedische Akademie der Wissenschaften diese interpretierende Idee mit dem Nobelpreis für Physik ehrte, erkannte sie zugleich an, dass sich diese ehrwürdige und seit der Antike betriebene Wissenschaft eine völlig neue Aufgabe gestellt und ein neues Ansehen gegeben hatte. Sie meinte nicht mehr, die Dinge der Natur oder die Natur der Dinge selbst beschreiben zu können.

Physik war weniger und mehr zugleich geworden, denn sie handelte von dem Wissen, das Menschen über die Welt erlangen und worüber sie sich mit anderen austauschen können, und so lauteten einige der konkreten Fragen an Heisenberg und seine Fachkollegen, was Physiker über die „Elektronen und Photonen" sagen können, die sie selbst als Erfindungen ihrer Phantasie in die Welt gesetzt hatten.

1927 organisierten sie eigens eine Konferenz mit diesem Titel. Sie fand in Brüssel statt, wurde mit Hilfe des belgischen Großindustriellen Ernest Solvay finanziert und gilt heute als eines der berühmtesten Treffen im Verlauf der Wissenschaftsgeschichte. Das Bild der Teilnehmer zeigt ein Gruppenbild mit Dame, wobei die solitäre weibliche Person als Marie Curie zu erkennen ist, mit der sich eine erste Frau in die Männerwelt der Physik vorgewagt hat. Bald sollte ihr Lise Meitner folgen, was den Stoff für eine weitere Erzählung liefert.

Als die „Elektronen und Photonen" die Aufmerksamkeit der Experten für Quantensprünge in Anspruch nahmen, hatte sich eine philosophische Note in die lange Zeit ausschließlich physikalische Debatte geschlichen, denn es galt, Frieden mit der unvermeidbaren Dualität zu schließen, die bei „Elektronen und Photonen" zugleich unübersehbar in Erscheinung trat.

Während Einstein diese Aussöhnung bis zum Ende seines Lebens nicht hinbekam – er vermochte sich auch beim besten Willen keine genaue Vorstellung von einem Photon zu machen, einem Teilchen ohne Masse –, sah sein großer Gegenspieler, der Däne Niels Bohr darin überhaupt kein Problem – wobei man für den Fall, dass eine poetische Sprache Bohr als weiche Welle und Einstein als harten Brocken vorstellen kann, die Dualität der Dinge in der Dichotomie der Denker verdoppelt wiederfinden kann, was Goethe erfreut hätte, „denn was innen, das ist außen", wie er bekanntlich gedichtet hat.

Um genauer zu sagen, worin Bohrs Philosophie bestand, muss man zu dem etwas vertrackt klingenden Begriff der Komplementarität greifen, mit dem der Däne das Doppeldasein von „Elektronen und Photonen" verständlich zu machen versuchte. Er gab die aufklärerische Forderung nach einer einzig wahren Antwort auf eine vernünftige Frage auf und ersetzte sie durch eine romantisch anmutende Polarität der möglichen Auskünfte, die zu jedem Stück ein Gegenstück mitdachte.

Zu dem Tag gehört die Nacht, mit dem Denken setzt das Träumen ein, das Bewusste speist sich aus dem Unbewussten, das Sichtbare wird vom Unsichtbaren durchflutet, Mann und Frau finden als zwei Geschlechter zusammen, und so kann man die romantische inspirierte Reihe fortsetzen, in die sich der Welle-Teilchen-Dualismus bestens einfügte.

Bohr meinte nun, dass sich dabei zwei komplementäre Aspekte einer Wirklichkeit zu erkennen geben würden, wobei in dem anfangs ungewohnten Attribut das Wort „komplett" zu hören ist, das auf ein Ganzes verweist. Das Licht ist ebenso ein Ganzes wie die Materie, aber beide können auf komplementäre Weise registriert werden, was konkret heißt, dass man sich zwar entscheiden kann, die Wellenlänge von Strahlen (und damit ihre Farbe) zu bestimmen, dass man in dem Augenblick aber die Möglichkeit verliert, ihre genaue Position anzugeben.

Für Bohr wurde immer klarer, dass zum umfassenden Verstehen der Welt komplementäre Beschreibungen gebraucht werden, die prinzipiell als vollkommen gleichberechtigt anzusehen sind. Jede ist richtig, keine ist wahr. Keine genügt für sich allein, sie sind zusammen notwendig. Nur die Gesamtheit aller komplementären Beschreibungen kann die ungeteilte materielle Realität repräsentieren, wie man großspurig sagen könnte und was Bohr gefiel und ihm Freude machte. Ihm gefiel die Tatsache, dass es Wahlmöglichkeiten für einen subjektiven Beobachter gab und die beobachteten Objekte bei seinem Eingriff zugleich ihre Beweglichkeit behielten, wobei bei Heisenberg damals ein anderer Groschen fiel. In der Zeit, in der sich Bohr über den Gedanken der Komplementarität Klarheit zu verschaffen versuchte und dabei zugleich Zuschauer und Mitspieler beim Schauspiel des Lebens sein konnte, das auf der atomaren Bühne gespielt wurde, wurde er auf etwas anderes aufmerksam.

Heisenberg verehrte Bohr, aber ihm ging auch eine Bemerkung von Einstein nicht aus dem Sinn, der in ihrem Gespräch gemeint hatte, dass man nicht denken solle, eine Beobachtung führe zu einer Theorie, sondern dass umgekehrt die Theorie nötig sei und helfen könne, das zu verstehen, was sich im Experiment erfassen lässt. Wer den Ort eines Elektrons messen oder bestimmen will, muss erst einmal sich darüber klar werden, was so ein Mitspieler im Bereich der Atome ist. Wenn man an eine Welle denkt, kann man die Position eines Elektrons auf keinen Fall genau angeben, und wenn man sie eingrenzen will, muss man stärker mit der negativen Ladung in Wechselwirkung treten, und die wird unweigerlich ihre Bewegung beeinflussen.

Heisenberg und Bohr diskutierten diese Fragen in Kopenhagen bis zur Erschöpfung, und um sich zu beruhigen, unternahm der Jüngere eines Abends noch einen nächtlichen Spaziergang im Fälledpark in der Nähe seiner Wohnung, und wieder wurde es im äußeren Dunkel innerlich hell.

Plötzlich wurde Heisenberg klar, was ein unbeobachtetes Elektron auszeichnet. Es bleibt als Objekt unbestimmt, bis ein Subjekt es nach einer seiner Eigenschaften fragt – also eine Messung an ihm durchführt – und dabei im Wortsinne bestimmt, was gewusst werden soll. Jetzt verstand Heisenberg auch, warum es bei der Multiplikation seiner Matrizen auf ihre Reihenfolge ankam, und noch im Verlauf der Nacht konnte er nach seiner Eingebung abschätzen, mit welchen Ungenauigkeiten bei Messungen im Größenbereich der Atome gerechnet werden musste.

Die dabei entstandene mathematische Fassung feiert die wissenschaftliche Welt als Unbestimmtheitsrelationen der Quantenmechanik, und sie lassen endgültig erkennen, dass es im Innersten der Dinge sehr viel anders zugeht als im Alltag. Es ist nicht so, dass ein Elektron einen präzisen Ort einnimmt oder sich an ihm mit einer durch einen genauen Wert anzugebenden Geschwindigkeit bewegt, auch ohne dass man die dazugehörigen Daten ermittelt hatte.

Es gab und gibt diese Angaben einfach nicht. Es ist vielmehr so, dass ein Elektron für sich weder über einen festen Ort noch eine durch eine Zahl angebbare Geschwindigkeit verfügt. Ein Elektron ist wortwörtlich unbestimmt, wenn keine Messung vorgenommen wird, und es ist allein der Eingriff des menschlichen Beobachters, der seine Eigenschaften bestimmt.

Als Heisenberg Pauli über die jetzt gefundenen Gründe informierte, warum sich mit keinem Mikroskop die Bahn eines Elektrons auch außerhalb eines Atoms in ihren Details beobachten lassen würde, bekam er von seinem schwierigen Freund eine zustimmende Antwort, was ihn freute und ermutigte, weiter in die Materie vorzudringen, um auf weitere Wunder des Wissens zu treffen.

Ihn amüsierte, dass Pauli sich in seinem Schreiben über den Philosophen Ludwig Wittgenstein lustig machte, der sich mit kernigen Sätzen wie „Die Welt ist alles, was der Fall ist" und „Der Gegenstand ist einfach" in seinen Kreisen Respekt zu verschaffen versucht und seinen „Tractatus logico-philosophicus" mit dem Diktum abgeschlossen hatte, „Worüber man nicht sprechen kann, darüber muss man schweigen."

Pauli fand die ersten beiden Zitate lächerlich, schließlich war die Welt alles, was der Fall sein konnte, und Atome waren als Gegenstände ganz sicher nicht einfach, was auch immer dem Philosophen vorschwebte, als er dieses Wort einsetzte. Und Heisenberg ließ sich von Wittgensteins Sprechverbot nicht beeindrucken. Als der Physiker erkannt hatte, dass eine raum-zeitliche Beschreibung der Vorgänge im Atom nicht gelingen kann, war ihm zugleich klar geworden, dass er und seine Mitwisser versuchen mussten, davon zu erzählen. Die Menschen warten darauf und würden gerne zuhören.

Der Mann in der letzten Reihe
– Max Delbrück –

Eine zweite Erzählung mit Wissenschaft

Die vielen Menschen, die sich Anfang 1926 in einem Hörsaal der Berliner Universität versammelt hatten, warteten ungeduldig auf den jungen Vortragenden, der im Programm angekündigt war. In den Reihen der Zuhörer – Frauen konnte man keine ausfindig machen – ging es ziemlich hektisch und laut zu, schließlich zirkulierte in den Instituten der Wissenschaft seit Wochen das Gerücht, dass der eingeladene Werner Heisenberg in einem Geniestreich herausgefunden hatte, wie man mit Atomen Physik treiben und das Licht verstehen kann, das sie aussenden. Heisenberg hatte eine Quantenrevolution ausgelöst, wie man im Publikum munkelte, und so blickten die Anwesenden nervös zu der Eingangstüre, um den Wunderknaben eintreffen zu sehen und begrüßen zu können. Vorerst sahen sie dort nur, wie ein schlaksiger junger Mann mit zwei älteren Herren zusammenstieß, von denen einer immerhin der berühmte Albert Einstein war, der durch seine wuselige Haartracht herausstach. Er schmunzelte und murmelte weithin hörbar, „Offenbar hat Heisenberg ein Quanten Ei gelegt, und nun sollen wir es ausbrüten."

Die Worte waren zwar nicht nur und sicher nicht direkt für die Ohren des jüngeren Mannes bestimmt, der gemeinsam mit Einstein und einem Dritten im Bunde, dem Nobelpreisträger Walter Nernst, in der Hörsaal gelangen wollte. Aber der noch keine 20 Jahre alte Max Delbrück hatte in der folgenden Stunde ausreichend Zeit, über die Bemerkung mit dem Quanten Ei nachzudenken, verstand er doch kein Wort von Heisenbergs Vortrag, wobei sich ihm allerdings der Eindruck aufdrängte, keinesfalls der einzige im Saal zu sein, dem es so erging. Heisenbergs Höhenflug vermittelte den beeindruckten Menschen im Saal trotzdem das Gefühl, bei einem umwerfenden Moment der Wissenschaftsgeschichte dabei zu sein, und Delbrück beschloss, sein Leben an diesem Tag zu ändern, was konkret bedeutete, dass er sich vornahm, das Studienfach zu wechseln.

Er hatte mit der Astronomie begonnen und sich an Himmelsdurchmusterungen beteiligt, aber nun lockten die winzigen Atome mehr als die riesigen Sterne, und Delbrück nahm sich vor, sich die gerade entstandene Quantenmechanik erst anzueignen und dann zur Lösung eines Problems einzusetzen. Er wollte versuchen, konkret mit den Mitteln der neuen Physik zu verstehen, wie Atome sich zu Molekülen verbinden und deren Form stabil halten. Dies gelang Delbrück zwar, versetzte ihn aber zugleich in eine merkwürdig depressive Stimmung. Die Rechnerei mit den Quantenbedingungen war nämlich zum einen mühsam und langweilig zugleich, sie war aber darüber hinaus auch etwas, das andere besser und schneller erledigen konnten als er.

Als Delbrück nach dem Abschluss seiner Dissertation die Gelegenheit bekam, einige Monate als Assistent von Heisenbergs Freund Wolfgang Pauli in Zürich zu arbeiten, fiel ihm immer mehr auf, wie wenig er auf eine Karriere in der Theoretischen Physik hoffen durfte. Während Pauli und Kollegen mit flinken Fingern eine Seite nach der anderen mit flotten Formeln füllten, kam Delbrück bei seinen Rechnungen immer wieder ins Stocken und ihm unterliefen viele Fehler beim Hantieren mit den mathematischen Symbolen. So spannend ihm Quantenmechanik vorkam, er konnte nicht wirklich helfen. Die Aufgabe, Heisenbergs Ei auszubrüten, hatte bei ihm zwar zu Rat- und Hilflosigkeit geführt, ihn aber nicht daran gehindert, um 1930 von Zürich nach Dänemark aufzubrechen, um bei Niels Bohr, dem guten Menschen von Kopenhagen, sein Forscherglück zu suchen. Und tatsächlich – hier im Norden Europas wurde Delbrück fündig, wenn er auch selbst über die Richtung überrascht gewesen sein wird, die seine Lebensreise mit Bohrs freundlichem Fingerzeig einschlagen sollte.

Die Wende kam bei einer Vorlesung mit dem wohlklingenden und vielversprechenden Titel „Licht und Leben". Über diese lockende und listige Kombination sprach Bohr Anfang der 1930er Jahre in seiner Heimatstadt, als der in seiner Heimat hochverehrte Nobelpreisträger für Physik es unternahm, seiner Naturwissenschaft zu empfehlen, eine neue Richtung einzuschlagen und ihr zu folgen. Er wollte seinen Freunden raten, sich nach dem Licht dem Leben zuzuwenden, und er nutzte dazu einen ungewöhnlichen Anlass, bei dem beinahe etwas aus dem Ruder gelaufen wäre.

Der knapp fünfzigjährige Bohr hatte als berühmtester und vom Volk geliebter Sohn seines Landes überraschend die freundliche Einladung einer Ärztevereinigung angenommen, einen Kongress für Lichttherapie in seiner Heimatstadt Kopenhagen zu eröffnen. Nun stand er zwar vor dem Publikum mit den Tagungsgästen, um seine Ideen vorzutragen, er musste dabei aber vor allem hartnäckig mit dem Rednerpult kämpfen, das durch einen verborgen bleibenden Mechanismus in Bewegung geraten war und sich nun hob und senkte und wieder hob und wieder senkte. Niemand wagte es, dem beherzt das Pult packenden und wuchtig niederdrückenden Mann ohne dessen Bitte auf der Bühne zu nahe oder gar zu Hilfe zu kommen.

Dazu war der als Vater der Atomphysik bewunderte und zudem als enger Freund von Albert Einstein angesehene und in seiner Jugend als erfolgreicher Fußballtorwart öffentlich gefeierte Redner zu berühmt. Außerdem schien das Auf-und-Ab Bohr nicht aus der Fassung zu bringen, denn während der philosophierende Physiker auch seine kräftigen Arme auf der Bühne gebrauchte und energisch versuchte, das Rednerpult nach unten zu drücken oder wenigstens festzuhalten, strömten aus seinem Mund unablässig weitere Gedanken zu der Verbindung von „Licht und Leben", und seine trotz des notwendigen Muskeleinsatzes liebevoll ausgesprochenen und schwebend dahinplätschernden Worte schienen durchgehend sowohl etwas über das Licht mitteilen als auch sich dem Leben zuwenden zu wollen, obwohl vermutlich kaum jemand genau verstanden oder gemerkt hat, worauf Bohr hinaus und was er letztlich sagen wollte.

Die Aufmerksamkeit der Zuhörer litt neben der Ablenkung durch das auf- und abfahrende Pult zusätzlich darunter, dass der ohne Manuskript vortragende Bohr schon bald in seine ärgerliche Gewohnheit verfallen war, Gedanken in einem murmelnden Mischmasch aus Dänisch, Deutsch und Englisch von sich zu geben, wobei die Zuhörer noch von Glück reden konnten, dass Bohr beim Reden auf dem Podium seine Pfeife nicht in den Mund stecken konnte, wie er es gerne machte, wenn er mit Kollegen oder Studenten aus fremden Ländern mehrsprachig über Fragen der Wissenschaft stritt und mit ihnen über Schwierigkeiten beim Umgang mit den Atomen diskutierte.

Natürlich ging die Pfeife bei Bohrs intensiven Einmischungen dauernd aus, aber während er ein nächstes Streichholz anzündete und den Tabak neu anfeuerte, gab es für seine Mitstreiter wenigstens etwas Zeit, Atem für den andauernden Dialog zu schöpfen, in dessen Verlauf Bohr immer munterer wurde, was seine Freunde dadurch bemerkten, dass er dazu überging, seine bohrenden Gesprächsbeiträge mit den als Trost zugedachten Worten einzuleiten, „wir sind uns viel mehr einig als Sie denken".

Bohr ging beim Diskutieren und in öffentlichen Vorträgen auf diese Weise vor, weil er die Meinung vertrat und verkörperte, dass auf seinem Feld Wahrheit und Klarheit nicht gleichzeitig zu haben sind und sich folglich oberflächlich durch Klarheit glänzende Sätze nicht dadurch von anderen abheben, dass sie eine lohnende oder gar tiefe Wahrheit aufdecken oder zu finden ermöglichen.

Diese Einstellung hatte Bohr als eine Lektion seiner Wissenschaft im frühen 20. Jahrhundert lernen und annehmen müssen, als ihre Vertreter das Licht und die Atome ins Visier nahmen. Die dazugehörige und von Einstein persönlich als „revolutionär" eingestufte Entwicklung hatte den Physikern in der Zeit vor und nach dem Ersten Weltkrieg zwar zur allgemeinen Verblüffung, aber unabweisbar und sehr deutlich zu verstehen gegeben, dass sich die ergebenden und nachweislich überprüfbaren wissenschaftlichen Wahrheiten – etwa Sätze wie „Licht pflanzt sich als Welle fort" oder „Materie ist aus Atomen aufgebaut" – vor allem dadurch auszeichneten, dass nicht nur sie stimmten, sondern auch ihr Gegenteil zutraf. Lichtstrahlen bewegten sich nämlich ebenfalls wie ein Strom aus Teilchen, wie der überlebensgroße Einstein bereits 1905 erkannt hatte, und Materie steckte vor allem voller Energie, was höchst verstörend und verwirrend wirkte.

Als die Physiker in den 1920er Jahren durch einen Akt der Verzweiflung, den man vor allem Heisenberg zuzurechnen hat, endlich eine erste Theorie der Atome aufstellen konnten, mussten sie zu ihrer Verwunderung schockiert feststellen, dass diese seit der Antike bekannten und benannten und als unteilbar angesehenen Partikel alles Mögliche, nur keine konkreten Kügelchen waren, aus denen sich die Materie Stück für Stück aufbauen und wie mit winzigen Legosteinen zusammensetzen ließ.

Die Atome, in denen man das zu finden meinte, was die Welt im Innersten zusammenhält, konnten selbst keine Substanz sein. Sie zeigten keinen inneren Halt, wie fassliche Dinge es tun. Sie ließen eher so etwas wie Auflösungserscheinungen und gähnende Leere erkennen, indem sie sich als Wolken aus Wahrscheinlichkeiten verflüchtigten, wenn man ihnen zu nahe trat – was übrigens jedem, der vor dem Winter 1938 verkündet hätte, man solle versuchen, die Energie der Atome anzuzapfen und freizusetzen, wie es nach dem genannten Datum mit der Kernspaltung beobachtet und bald in Atombomben genutzt werden konnte, nicht nur dem Gelächter der Kollegen ausgesetzt, sondern auch seinen Job gekostet hätte.

Die Physik hat im frühen 20. Jahrhundert wahrlich einen dramatischen Umsturz in ihrem wissenschaftlichen Weltbild erleben müssen, dessen ökonomische und soziale Auswirkungen bis heute zunehmen und immer mehr zu spüren sind, auch wenn Historiker davon wenig wissen wollen und die damit einhergehende Geschichtsvergessenheit dafür sorgt, dass das Verständnis der Gegenwart höchst unzureichend bleibt, während die Gesellschaft munter das schwarze Loch der Wissenschaft umkreist.

Als Bohr in den 1930er Jahren auf dem Podium in Kopenhagen mit dem Pult und den Worten kämpfte, wollte er der Festversammlung nicht nur von den gerade erlebten ungeheuren Umwälzungen erzählen, sondern auch weiterführend überlegen, welche Möglichkeiten sich etwa für die Biologie als einer exakt werdenden Wissenschaft vom Lebendigen aus der neuen Physik ergeben würden. Was bedeutete konkret die Doppelnatur des Lichts, Welle und Teilchen zugleich sein zu können und damit geheimnisvoll und attraktiv zu bleiben, für das Verständnis und die Erforschung des Lebens, das doch im Licht aufblühte und in seiner genetischen Vielfalt sicher noch mehr Geheimnisse enthalten musste und die wissenschaftliche Neugier anstacheln konnte?

Im Gegensatz zu vielen seiner Kollegen — vor allem im Gegensatz zu Einstein — liebte Bohr die ihm zwar aufgezwungene, trotzdem aber einleuchtende und sympathische Unmöglichkeit, die Wahrheit in wenigen Worten klar auszusprechen, denn so konnte er sich beim Reden vergnüglich daran machen, seine Gedanken in immer neuen Anläufen und Formulierungen allmählich zu verfertigen, wie es ein Romantiker namens Heinrich von Kleist generell empfohlen und allgemein als sinnvoll erkannt hatte.

Bohr ließ beim Sprechen seine Gedanken laufen und kreisen, um bei diesen Bewegungen wenigstens nach und nach dem hehren und bekannten Ziel eines wissenschaftlichen Verstehens näherzukommen, was seine Freunde mit der Bemerkung kommentierten, dass keiner besser als Bohr die Wahrheit – über das Licht oder das Leben – so ausdrücken konnte, dass sie ihr Geheimnis behielt, und so verborgen und verlockend blieb, wie es oben angedeutet wurde.

Da gab es keinen Schleier, den ein Jüngling oder eine Jungfrau keck oder rasch im Vorübergehen lüften konnte, um sich anschließend der Wahrheit gegenüber zu finden. Wenn überhaupt, dann konnte der oder die Suchende oder Versuchende sich im Akt der Entschleierung nur selbst begegnen, wie der zu Romantik zählende Dichter Novalis vor 1800 allgemein geschrieben hatte und wie die Physiker in den 1920er Jahren persönlich und leibhaftig erfahren konnten, als die ersten von ihnen bei den Atomen angekommen waren und sich dabei tatsächlich nur noch selbst begegneten und ihre eigenen Formen oder mathematische Formeln zu fassen bekamen.

Im Innersten der Welt trafen die Menschen auf sich selbst, ohne sich allerdings in den kommenden Jahren in der Lage zu zeigen, diesen Bereich abzuschirmen und intakt zu halten. Sie fingen von hier aus an, die Welt in die Luft zu sprengen, – wobei zu ergänzen ist, dass die Wissenschaft von der Politik dazu gezwungen und aufgefordert wurde, mit der Energie von ganz innen weit außen Wirkungen zu erzielen.

Zurück zu den Sachen: Wenn der folgende Satz auch zunächst Mühe macht oder anfangs noch etwas komisch klingt, so kann man an dieser Stelle und mit dieser Vorgabe die tiefste philosophische Einsicht der modernen Naturwissenschaften des 20. Jahrhunderts benennen, die sich noch nicht allzu weit herumgesprochen hat und auf ihre verständnisvollen Befürworter wartet.

Sie besteht schlicht und einfach darin, dass die Erklärungen der Naturwissenschaften die Geheimnisse der Natur weder lüften noch lösen können, sondern sie vielmehr ungemein erweitern und vertiefen. Eine wissenschaftliche Erklärung hebt kein Geheimnis auf, sie lässt vielmehr die wundersame Tiefe der zu erfassenden Phänomene erkennen und ihre bleibenden Geheimnisse aufscheinen, und diese Tatsache kann Menschen zum Staunen und Wundern verleiten, was man mit den Worten ausdrücken kann, dass die Welt mit Hilfe der Wissenschaft romantisiert und verzaubert wird. Man muss nur bereit sein, sich auf sie und damit in sein Leben einzulassen.

Diese Sicht kann für Neugierige an einem einfach beginnenden und verwunderlichen Beispiel vorgeführt werden. Gemeint ist der freie Fall, also der unübersehbare Sachverhalt, dass Gegenstände nach unten auf die Erde fallen, was noch bei Aristoteles vom Ziel her erklärt wurde. Schwere Gegenstände haben eben ihren Platz unten, und da wollen und purzeln sie hin. Seit dem 17. Jahrhundert versuchen Menschen, der Natur kausal zu Leibe zu rücken, und seit den Tagen von Isaac Newton sprechen sie von einer Schwerkraft, die das Fallen bedingt.

Wer sich so äußert, kann allerdings dabei nicht verharren. Er oder sie muss jetzt diese Kraft erklären, wozu seit dem 19. Jahrhundert ein Gravitationsfeld zur Hilfe genommen wird. Mit seiner Ausdehnung im Raum kann die Erdmasse den Apfel überhaupt nur erreichen, der vom Baum fällt und dabei zum Beispiel Newtons Kopf trifft. Natürlich stellt sich nach diesem Treffer die Frage nach der Herkunft des Kraftfeldes, mit dem die Erde Gegenstände zu sich hinzieht.

An dieser Stelle kann der Neugierige Auskunft von Einstein bekommen, der in seiner Allgemeinen Relativitätstheorie von 1915 der Gravitation auf die Schliche gekommen und gezeigt hat, dass es die Krümmung der Raumzeit durch die Materie ist, die für die Schwerkraft und den freien Fall sorgt. Spätestens jetzt merkt man, welche Tiefe den Geheimnissen der Physik zukommt, und man kann sich über diese Dimension der Wissenschaft nur wundern, die doch alles zu erklären scheint – wie man immer noch in der Schule beigebracht bekommt.

Zurück zu Bohr und seiner Rede vor dem Kongress in Kopenhagen. Es ist leicht vorstellbar, dass ein Publikum, das sich in den 1930er Jahren für Lichttherapie interessierte, weniger an Bohrs Gemurmel interessiert war und endlich zu den Fachvorträgen kommen wollte. Das Verlangen nach dem neuen Weltbild der Physik hielt sich wahrscheinlich in vornehmen Grenzen, und mit den dunklen sprachlichen Bemühungen des Redners um die philosophischen Subtilitäten der Atomtheorie wussten die Therapeuten nur wenig anzufangen. Der größte Teil der geladenen Gäste wartete eher unruhig auf das hoffentlich näher kommende Ende des Vortrags – mit einer Ausnahme, auf die der Text nach einer Vorbemerkung zuläuft und mit der die eigentliche Geschichte beginnt.

Galt schon der mündliche Vortrag Bohrs manchen Menschen als Zumutung, so gab es Leute, die nachgereichte schriftliche Fassungen seiner Gedanken sogar als „Verbrechen am Lesepublikum“ betrachteten, weil der berühmte Sohn Dänemarks erstens unter keinen Umständen einen Satz schreiben oder publizieren wollte, der sich irgendwann einmal in ferner Zukunft als falsch herausstellen

könnte, und weil Bohr deshalb zweitens seine Ausdrucksweise im Rahmen von endlosen Überarbeitungen immer länger und gewundener werden ließ,
um in und mit ihnen möglichst alle experimentellen Gegebenheiten und Erfahrungen einzubeziehen
oder künftig zu erwartenden Einwänden jetzt schon
einmal Rechnung zu tragen und sich auf diese Weise
einer Widerlegung durch sie wortreich entziehen zu
können.

„Verbrechen am Lesepublikum" – dieses zugegeben harsche Verdikt stammt von dem 1969 mit dem
Nobelpreis für Medizin ausgezeichneten Biophysiker Max Delbrück, der als gebürtiger Berliner nach
seiner Promotion in Göttingen und einem Zwischenspiel in Zürich mit einem Stipendium der amerikanischen Rockefeller-Stiftung als junger Postdoc
bei Bohr in Kopenhagen weilte. Er hatte in der letzten Reihe Platz genommen, als der große Däne den
Lichttherapiekongress eröffnen wollte und das sich
hebende und senkende Podium auf der Bühne nicht
aufhörte, dem Redner Schwierigkeiten zu bereiten.

Den jungen Delbrück kümmerte diese ihm
nebensächlich vorkommende Lage bei allem
Unglück überhaupt nicht. Er wartete im Gegensatz
zu den anderen Zuhörern im Saal auch nicht gelangweilt auf das hoffentlich nahe Ende von Bohrs meist
unverständlich bleibenden Ausführungen, sondern
richtete im Gegenteil immer gespannter seine Hoffnungen darauf, dass es irgendwann noch den einen

großen Gedanken seines Meisters geben würde, der die beiden angesprochenen und spannungsreichen Themen – das Licht und das Leben – so zu verbinden wusste, dass er Delbrück dabei eine neue Forschungsrichtung offen legen würde, die der junge Berliner anschließend einschlagen wollte, um mit deren Hilfe zu großen Einsichten zu kommen und vielleicht sogar berühmt zu werden.

Persönliche Ziele dieser Art hatte sich Delbrück bereits gesetzt, nachdem er in seinen Studententagen erleben konnte, wie die neue Physik der Atome entstanden war, die heute als Quantenmechanik in den Lehrbüchern steht und deren Anwendung inzwischen die Welt in ihrem Alltag maßgeblich und unnachgiebig beeinflusst hat. So etwas wie die Transistoren und Chips in einem iPhone konnten Menschen doch nur entwickeln, weil ihnen dazu seit den 1920er Jahren die Quantenmechanik zur Verfügung stand, von der Bohr in jungen Jahren gemeint hatte, man würde verrückt, wenn man sie zu verstehen versucht.

Als Bohr sich so äußerte, wurde der damals noch mit seinem Studium beschäftigte Delbrück ebenfalls verrückt, aber aus einem anderen Grund. Während seiner Doktorarbeit stellte er fest, in der Quantenmechanik eine mathematisch abgeschlossene Theorie vorzufinden, zu der er vielleicht noch Kleinigkeiten beitragen konnte, die ihm aber kaum Aussichten bot, aus ihrem längst gespannten Rahmen auszubrechen, um etwas Großartiges und Auffallendes zu leisten und berühmt zu werden – mindestens so berühmt wie sein Vater, der Historiker Hans Delbrück.

So bewundernswert die neue Theorie der Atome ausschaute und so eindrucksvoll sie bis heute dasteht – tatsächlich brachte die Physik der atomaren Sphäre namens Quantenmechanik mit ihren irrationalen Elementen viele Wissenschaftler seit ihrem Erscheinen an den Rand der Verzweiflung, und zwar nicht zuletzt deshalb, weil sich das merkwürdige Gebilde mit seinen notwendig imaginären Zahlen in immer neuen experimentellen Überprüfungen als völlig korrekt erwiesen hat, ohne dabei ihr eigentliches Geheimnis preiszugeben, und das ist bis heute so geblieben.

Das heißt, die Theorie mit den Quantensprüngen – die Quantenmechanik – konnte und kann höchst genau und auf viele Stellen hinter dem Komma berechnen, was bei der sorgfältigen Vermessung von Naturphänomenen herauskommt. Zugleich blieb und bleibt den Physikern aber bei allem Wissen verborgen oder verschlossen, wie sich die berechenbare Wirklichkeit auf der Bühne des atomaren Geschehens tatsächlich abspielt, die ihre erfolgreiche Theorie so sauber erfasst. Jeder würde zu gerne wissen, was passiert, wenn Atome etwas Energie abgeben und als Licht aussenden. Aber man kann bislang nicht einmal die Frage klären, wie

etwa Atome, Lichtteilchen oder Elektronen aussehen oder modelliert werden können. Inzwischen ist
zwar die erstaunliche Antwort zu hören, dass die so
benannten Gegebenheiten überhaupt kein Aussehen haben und höchstens die Form annehmen, die
Menschen ihnen geben. Aber wie kommt man als
Physiker mit dieser Auskunft weiter? Natürlich muss
es einem gefallen, wenn sich das, was die Welt im
Innersten zusammenhält, als kreatives Phantasiepro-
dukt von Menschen erweist, aber was soll jemand
machen, wenn ihm das alles bekannt ist und von ihm
als Wissen akzeptiert wird?

Die Feststellung, dass Atome kein Aussehen
haben, kommt Kunstschaffenden oder –interessier-
ten vertraut vor, wenn man sich an die Frage des
Malers Willi Baumeister erinnert, die er in seinem
Buch über „Das Unbekannte der Kunst" gestellt hat.
Dem Schöpfer einer Bilderserie mit dem geheimnisvollen Namen „Montaru" erschien es „fraglich, ob
die Natur überhaupt ‚aussieht'", wie er schreibt.

Und Baumeister schloss daran die von Physikern
des 20. Jahrhunderts begrüßte Spekulation an, „es
könnte sein, dass die Augen ein Netzwerk ins Dunkel auswerfen, das eine dem Menschen erfassbare
Welt durch den Menschen selbst entstehen lässt".
Dieser Satz erweckt bei jemanden, der mit der historischen Entwicklung der Atomphysik vertraut ist,
den Eindruck, als ob Baumeister dem 24-jährigen
Werner Heisenberg über die Schulter geschaut habe,

als der Physiker 1925 als junger Mann in einer Nacht auf Helgoland seine inneren Augen im damaligen Dunkel seiner Wissenschaft zu öffnen lernte und dabei eine mathematische Struktur zum Vorschein und aufs Papier brachte, mit der sich die Welt der Atome erfassen ließ und die er Anfang 1926 in Berlin vorstellte.

Der Maler Baumeister hat aus künstlerischer Sympathie verstanden, wie es bei der Kreation der Quantenmechanik zugegangen ist, was es aber aus aktueller Sicht nur noch unverständlicher macht, warum diese grandiose Schöpfung von Wissenschaftlern im deutschen Bildungskanon von den dafür zuständigen beamteten Pädagogen in den Kultusministerien einfach unterschlagen oder gerne übergangen wird. Man studiert und liest in den einschlägigen intellektuellen Kreisen nach wie vor lieber den Philosophen Heidegger als den Physiker Heisenberg und fühlt sich dabei wohl. „Dumm sein und Arbeit haben, das ist das Glück", wie in einem Gedicht von Gottfried Benn zu lesen ist.

Vielleicht hat Bohr auf dem Podium das schöpferische Moment seiner Wissenschaft angesprochen und Gedanken der oben erwähnten Art dreisprachig vor sich hin gemurmelt, aber selbst wenn – Delbrück in der letzten Reihe hätte die dazugehörigen Schlenker nicht zur Kenntnis genommen. Er wollte von seinem Lehrer etwas anderes und genauer hören, wie die Physiker auf die Doppelnatur des Lichts überhaupt gestoßen waren und wie sie reagiert haben, als sie plötzlich merkten, dass sich nicht mehr sagen ließ, ob sich da eine Welle bewegte oder ob die Lichtstrahlen als ein Strom aus Teilchen (Partikeln) Räume durchquerten und dabei erhellten. Und was ließ sich aus solch einer Situation für das Leben und sein wissenschaftliches Verständnis lernen? Wie konnte die Physik vom geheimnisvollen Licht zum wunderbaren Leben kommen?

Als Bohrs Redezeit langsam ablief, wurde Delbrück immer unruhiger, weil er noch nichts von dem gehört hatte, was er erwartete und erhoffte. Doch endlich – in den Schlussbemerkungen seines Vortrags – tat ihm Bohr den Gefallen. Der Vortragende schaute sein Publikum mit einem versöhnlichen Lächeln an und meinte, es wahrscheinlich mit seinen Worten eher verwirrt als erleuchtet zu haben, aber ihm selbst – Bohr – sei ja auch nicht klar, wie sich eine dem Licht nachempfundene Doppelnatur im Leben konkret zeigen und nachweisen lassen würde. Sie müsste seiner Ansicht nach zweifellos zu finden sein, wenn man auf der Suche danach so vorgehe, wie es die Physiker beim Licht gemacht haben oder glücklicherweise machen konnten.

Und dann endlich unterbreitete Bohr seinen beim ersten Hören harmlos klingenden Vorschlag, der sowohl Delbrücks Leben radikal veränderte als auch der Menschheit in den kommenden Jahrzehnten eine neue Wissenschaft der Genetik schenkte – die Molekularbiologie. Aus Bohrs Mund waren eher schlichte und merkwürdig klar zu verstehende Worte zu hören, die dem Mann in der letzten Reihe die plötzliche Klarheit verschafften, nach der er Ausschau gehalten hatte.

Bohr meinte, dass die Physik ihre alte Mechanik nur deshalb abstreifen und sich dafür eine neue Quantenmechanik anlegen konnte, weil ihr ein höchst einfaches Atom zur Verfügung stand, mit dem sich arbeiten ließ. Er meinte das Wasserstoffatom mit seinem einsamen Elektron, das sich einem ebenso einsamen Proton zugesellt und mit ihm zusammen Quantensprünge ausführen kann, um so den biblischen Befehl „Es werde Licht!" ausführen zu können.

Bei einer derart einfachen Konstellation mit nur zwei Teilen in einem Atom vermochten die Physiker – so Bohr – die dazugehörigen Gesetze zuerst nach und nach zu ahnen und zu erraten, bevor sich einige von ihnen daran machten, die saubere und sorgfältige Ausarbeitung der dazugehörigen mathematischen Feinheiten und Raffinessen vorzunehmen. Wenn das kleinste Atom zum Beispiel Eisen oder Kohlenstoff gewesen wäre, würden die Physiker heute noch ratlos vor den Experimenten und ihren komplizierten Ergebnissen stehen, wie Bohr meinte. Wenn die Erkundung des Lebens vorankommen und die Biologie das gleiche Niveau wie seine Wissenschaft Physik erreichen wolle, dann müsse sie das Wasserstoffatom des Lebens finden und an ihm tastend und ahnend erkunden, wie sich seine grundlegenden Eigenschaften entwickeln und verändern.

Bohr meinte konkret die Mechanismen der Vererbung und beklagte, die zu seiner Zeit aktuelle Genetik kümmere sich zu sehr – wenn auch erfolgreich – um Fliegen, Heuschrecken, Mäuse und Bohnen. Das sei sicher wichtig und bringe Erträge, die Wahl dieser Organismen versperre aber möglicherweise den Blick auf das Besondere und grundlegend Neue auf dem genetischen Feld der Forschung, das sich den Physikern beim Wasserstoff offenbart und zu dem neuen Weltbild geführt habe, in dem die Atome und ihr Licht ein ungewohntes Gebaren zeigten, wie es beim Leben zu finden sein sollte.

Das Wasserstoffatom der Biologie – auf solch eine Idee hatte der Mann in der letzten Reihe gewartet, aber es zu finden, war natürlich leichter gesagt als getan. Wieder zurück in Berlin schaute sich Delbrück nach Genetikern um, mit denen sich Grundzüge der Vererbung so erkunden ließen, wie Bohr es vorgeschlagen hatte. Bei Atomen galt es, deren Stabilität zu erklären, beim Licht galt es, dessen Ausbreitung zu erfassen, und beim Leben ging es um die Fähigkeit, immer wieder neues Leben hervorzubringen. Die damals aktiv zur Genetik Beitragenden konnten seit den 1930er Jahren verlässlich sagen, dass es wohlgeordnete molekulare Gebilde in den Zellen gab, mit denen Organismen einige ihrer Eigenschaften an die Nachkommen weitergaben. Man sprach von Genen, zunächst ohne zu wissen, woraus sie bestanden und wie sie ihre Aufgabe erfüllten (womit man bis heute Schwierigkeiten hat, auch wenn manche Berichte in den Magazinen einen anderen Eindruck erwecken).

In Berlin gab es einen russischen Genetiker namens Nikolai Timofejew-Ressowski, der an einem Kaiser-Wilhelm-Institut mit Fliegen arbeitete und nach solchen Veränderungen (Mutationen) in deren Erbgut suchte, die Einfluss auf die Entwicklung der Hirnstruktur zeigten. Ihn sprach Delbrück an. Fliegen, Hirne, Entwicklung – das klang für seine Ohren nach Bohrs Rede zwar alles viel zu kompliziert, aber die Hinweise auf Mutationen von Genen weckten das Interesse des Physikers. Schließlich mussten sie in der veränderten Form so stabil bleiben und wirken wie das ursprüngliche Gen, und diese Situation erinnerte Delbrück an die Untersuchungen zur Radioaktivität, die damals unter anderem von Lise Meitner in Berlin durchgeführt wurden, in deren Institut er als Assistent arbeiten konnte. Radioaktive Atome konnten durch Aussendung von Strahlung von einem stabilen Element zu einem anderen wechseln – etwa vom Uran zum Strontium oder vom Cäsium zum Barium –, und wenn Gene – auf welche Weise auch immer – von einer stabilen Form in eine andere – eben ihrer Mutation – übergehen konnten, lag dann nicht der Gedanke nahe, dass sie als ein Verband aus Atomen, als ein Atomverband in einer Zelle existierten?

Delbrück war der erste, der diesen heute selbstverständlichen Gedanken aussprach, was einen aber nicht daran hindern sollte, einmal staunend innezuhalten und sich darüber zu wundern, welche gewundenen Wege die Wissenschaft gehen musste, um zu den Genen zu kommen – wobei es seltsam bleibt, dass ausgerechnet die Physiker die Führung übernahmen, ohne natürlich ihr Denken an einer Garderobe zurückzulassen. Sie haben es nach und nach der Biologie und dem Verständnis des Lebens aufgeprägt – mit Nachwirkungen, die bis in die Gegenwart reichen. Die Molekularbiologie ist das Werk von Physikern, und man darf die Frage stellen, wie viel sie wirklich vom Leben halten und gelernt haben.

Da Radioaktivität mit Licht einherging und vielen anderen Strahlungen zu tun hatte, wunderte sich Delbrück nicht, dass auch Genveränderungen damit in Verbindung zu bringen waren, wenn auch genau anders herum. Während radioaktive Atome Lichtenergie freigeben, wenn sie sich ändern, nehmen vererbbare Gene Strahlung auf, wenn sie mutieren. Licht und Leben hängen an dieser Stelle sehr eng zusammen, wie Delbrück in der Mitte der 1930er Jahre sehen konnte und was Gene erstmals als Strukturen in Zellen verstehen ließ, die vom Licht getroffen und mit seiner Energie verwandelt werden konnten. Und nicht nur das – Gene konnten etwa mit Hilfe von Röntgenstrahlen gezielt verändert werden, und damit wurde die moderne Genetik endgültig die exakte Wissenschaft, in der sich bald immer mehr Physiker umschauten.

Delbrück unternahm den heroischen Versuch, der kosmischen Höhenstrahlung, die aus dem Weltall kommt und die Erde erreicht, eine maßgebliche Rolle in der Evolution zuzuschreiben, bei der vielfach über Jahrmillionen immer wieder neue Mutationen auftreten müssen, deren Wirkungen sich in einer natürlichen Selektion zu bewähren haben. Aber so schnell konnte auch der wissenschaftliche Preuße nicht schießen, und Delbrück musste bald einsehen, dass dieses große Thema seine Kenntnisse und die der genetisch tätigen Kollegen noch weit überforderte, was aber niemanden daran hinderte, es in seinem oder ihrem Herzen weiterzubewegen.

Trotzdem – während Delbrück dienstlich für Lise Meitner zu berechnen hatte, was passiert, wenn man Strahlen auf Atome wie Uran lenkt, orientierte sich das zur Biologie neigende Interesse des Physikers in den privaten Stunden des Tages immer mehr auf die Frage, was das Licht macht, wenn es auf Gene trifft, auch wenn er das von Bohr angesprochene Wasserstoffatom der Biologie noch nicht gefunden hatte und ihm die unruhig zappelnden Fliegen im Laboratorium eher Mühe machten, handwerklich ebenso wie gedanklich.

In Berlin sollte Delbrück nicht auf das ersehnte Wasserstoffatom des Lebens stoßen. Er musste dafür viele Tausend Kilometer von zu Hause weg fahren und bis nach Kalifornien reisen, und ermöglicht hat ihm diesen weiten Weg ans Ziel erneut die Rockefeller-Stiftung, die ihm bereits die Aufenthalte bei Pauli in Zürich und Bohr in Kopenhagen finanziert hatte. Sie bot Delbrück 1937 ein Stipendium für einen Amerikaaufenthalt an, was er begeistert annahm, ohne zu ahnen, dass er sich dabei auf eine Reise ohne Rückkehr begab. Denn wofür ursprünglich zwei Jahre vorgesehen waren – das Ticket für die geplante Heimfahrt war für September 1939 ausgestellt –, bekam durch die große Weltpolitik eine besondere Dimension, die Delbrück schließlich während des Krieges erst in den USA überwintern und danach zu einem Bürger Amerikas werden ließ. In der neuen Heimat bot sich ihm die Gelegenheit, nicht nur eine neue Wissenschaft von den Genen zu entwickeln, sondern zugleich eine umwälzende Erfahrung zu machen.

Die Lektion, die Delbrück als Forscher im Verlauf seines Lebens lernen konnte, bestand darin, dass ein Wissenschaftler die Welt stärker und mehr verändern kann als jeder Politiker oder General, und der Forscher kann das erreichen, während er still in einer Ecke seiner Kammer sitzt und über seine Experimente nachdenkt. Wer die Jahrzehnte nach dem Zweiten Weltkrieg auch nur oberflächlich – aber möglichst vorurteilsfrei – anschaut, in denen die Molekularbiologie, die Kybernetik, die Informatik, der Transistor, die Gentechnik, der Laser, das Internet ersonnen und zur Anwendung gekommen sind und immer mehr wissenschaftsgetriebene Entwicklungen angefangen haben, das Leben der Menschen tiefgreifend zu beeinflussen und ihre Geschichte im Großen und Kleinen zu ermöglichen, der kann nur anerkennen, wie recht Delbrück zum einen hatte und wie wenig sich die Gesellschaft diesen Gedanken ihres Werdegangs bislang zu eigen gemacht hat.

Wer die Gegenwart verstehen will, muss vor allem die Geschichte der Wissenschaft kennen, und er kann gerne auf das Stammeln der Statisten verzichten, die als Soziologen beweisen, dass sie an dieser Stelle versagt haben und den real wirksamen historischen Ereignissen bestenfalls hinterherhecheln, weshalb sie sich gerne von ihnen fernhalten und stattdessen – wenn auch vergeblich – der Zukunft zuwenden, um zu versuchen, sie mit allerlei Brimborium vorherzusagen, ohne jemals etwas Zutreffendes zu verkünden. Bohr hätte sie warnen und ihnen sagen können, dass Prognosen immer dann besonders knifflig werden, wenn sie sich auf die Zukunft beziehen.

Als die Vertreter der Rockefeller-Stiftung 1937 an Delbrücks Tür klopften und ihm das Angebot machten, seinen genetischen Neigungen in den USA nachzugehen, gab es weder die Molekularbiologie noch kannte man die Kernspaltung, die aber bald – im Dezember 1938 – in Berlin beobachtet wurde und letztlich in den frühen 1940er Jahren zur Atombombe führte, und zwar nicht in Deutschland, dafür aber in den USA, mit all den politischen und militärischen Folgen, die in aller Welt nach wie vor diskutiert werden und gesellschaftlich relevant bleiben und vielen Menschen Sorgen bereiten.

Als Delbrück sich in Berlin auf seine Abreise vorbereitete, wirkte die Welt äußerlich noch ruhig, was man für das Innenleben der Rockefeller-Stiftung nicht sagen konnte. Dass sie damals ihre Beamten ausschickte, um Leute wie Delbrück zu angeln und in die USA zu locken, spielte sich im Anschluss an dramatische Entscheidungen ab, mit deren Umsetzung das Führungspersonal der Stiftung einen ungeheuren Wandel in der Welt eingeleitet und auch vollzogen hat, der es verdient, sehr viel besser und breiter bekannt zu sein. Es geht vor allem um zwei Entscheidungen, von denen die erste eiskalt erkannt und ausgenutzt hat, dass Europa mit den verblendeten und gewaltbereiten Nationalsozialisten in Deutschland auf einen Krieg zusteuerte und europaweit den Judenmord plante. Nie – so die Stiftung – würde es leichter und billiger sein, den amerikanischen Universitäten die Qualität deutscher, französischer, britischer und italienischer Forscher zu verschaffen, wobei niemand in New York auf die Idee kam, bei den genannten Nationen Halt zu machen und der

Auftrag lautete, möglichst weitflächig nach Gelehrten zu suchen, die man in den USA mit der hier wachsenden Zahl an Bildungsinstitutionen gebrauchen konnte.

Tatsächlich gelang der immense und weitreichende kulturelle Coup, mit dem in den kommenden Jahren die Wissenschaftssprache Deutsch auf einen hinteren Rang verbannt und als Weltsprache der Forschung das eigene Englisch zum Zuge kam. Vor allem die neue Wissenschaft der Molekularbiologie spricht seit dieser Wende Amerikanisch, die – dies durch die zweite maßgebliche Entscheidung der Rockefeller-Stiftung – deshalb bevorzugt mit Millionenbeträgen gefördert wurde, weil man es in den USA endlich schaffen wollte, viele soziale Probleme – unter anderem die Rauschgiftsucht, die Scheidungsraten, die hohe Zahl der Schulabbrecher, die städtische Kriminalität, das Analphabetentum – streng wissenschaftlich zu lösen, und man hoffte, dies im Rahmen einer mathematisch zu fundierenden Lebenswissenschaft organisieren und umsetzen zu können, der man bald den attraktiven Namen Molekularbiologie gab, auch wenn niemand genau wusste oder sagen konnte, wie diese Disziplin funktionieren und ihre Aufgabe erfüllen sollte.

Als Delbrück Rockefeller-Stipendiat wurde, kümmerte ihn das politische Drumherum nicht – falls es damals überhaupt relevante Informationen dazu gab, was an dieser Stelle bezweifelt wird –, und er trug bei seiner naturgemäß ziemlich lang dauernden Reise von Berlin nach Kalifornien vor allem den Wunsch im Herzen, endlich das Wasserstoffatom der Biologie zu finden, das Bohr als Quelle des Wissens bezeichnet hat.

Kalifornien – das meinte in Delbrücks Fall konkret das bei Los Angeles liegende Städtchen Pasadena, in dem es seit den 1920er Jahren eine technische Universität gab, die Caltech – California Institute of Technology – genannt wurde und ihre Besucher mit deinem Spruchband empfing, „Die Wahrheit wird euch frei machen".

In diesem wissenschaftlichen Wahrheitstempel kümmerten sich einige berühmte Genetiker um Fliegen der Sorte Drosophila. Zwar sollte Delbrück mit den zahlreich vorhandenen Mutanten dieses sich rasch vermehrenden Insekts arbeiten, aber er wusste dank seiner Berliner Erfahrungen längst, dass er da nur seine Zeit vertun und nicht finden würde, wonach er suchte.

Zum Glück verfügte das Caltech über einen Keller, und in dem versuchte ein einsam vor sich hin forschender Biologe namens Emory Ellis, Kleinstlebewesen zu erkunden, die er dem städtischen Abwasser entnommen hatte. Delbrück traf Ellis und fragte ihn, was bei seinem Suchen passierte und wie dabei vorgegangen wurde, und so erfuhr er, dass einige Biologen nach Lebensformen Ausschau hielten, die kleiner als Bakterien waren und Viren hießen.

Das Wort Virus leitet sich vom lateinischen Ausdruck für „giftiger Saft" her, wobei der Gedanke, dass Viren eher etwas Flüssiges sind, durch die Beobachtung aufgekommen war, dass sich diese Gebilde in der Lage zeigten, Filterpapier zu passieren, das Bakterien festhalten würde. Wenn man den dabei gesammelten Rückstand auf dem Rasen auftrug, den Bakterien in einer Schale gebildet hatten, nachdem sie mit Nährstoffen versorgt worden waren, zeigten sich nach einiger Zeit Löcher in dem dichten Teppich aus den bakteriellen Zellen, was selbst Einstein – wie Delbrück zu hören bekam – davon überzeugen konnte, dass die Viren nicht als Flüssigkeit, sondern als separate Partikel existierten, nachdem man dem berühmten Mann eine entsprechende Versuchsanordnung gezeigt hatte, den dieses Doppeldasein an seinen Welle-Teilchen-Dualismus erinnerte. Eines von den Viren würde ein Loch in den Rasen stampfen, wie man sich vorstellte, ohne in irgendeinem Detail sagen zu können, was mit den Zellen passiert, wenn ein Virus auf ein Bakterium trifft, sich vielleicht an ihm festbeißt und es kapert.

Die Erforschung der Bakterien und ihrer Viren plätscherte zu der Zeit vor sich hin, weil niemand davon viel erwartete und man sich nur mit dem Thema befasste, weil sich in der damaligen Biomedizin erste Hinweise erkennen ließen und Gerüchte aufgekommen waten, dass Viren Krebs auslösen konnten, wobei natürlich niemand ernsthaft annahm, dass die winzigen Viecher damit etwas zu schaffen haben sollten, deren Ziel nicht in der Zerstörung menschlicher Zellen, sondern in dem Auflösen von Bakterien lag. Diese Viren ließen sich besser untersuchen, wie man meinte und hoffte, und so hantierte Ellis im Keller des Caltech mit dem Abwasser von Los Angeles herum, um die sich hierin tummelnden winzigen Giftspritzen herauszufischen.

Was Delbrück elektrisierte, als er ihn besuchte und seinem Treiben zusah, bestand zum einen in der Information, dass es in der Sphäre des Lebens kleinste Organismen gab, so wie es in der Welt der Physik ein kleinstes Atom gab, nämlich das Wasserstoffatom. Delbrück faszinierte zum zweiten die Tatsache, dass sich dank dieser Winzlinge etwas Quantitatives (Zählbares) zeigte, nämlich die Löcher in dem Rasen aus Bakterien. Damit sollte er sich als Physiker auskennen, und so nahm er diese Spur auf. Delbrück überließ die Fliegen anderen Forschern, blieb im Keller der Universität und überlegte, wie er Ellis helfen konnte, die genaue Zahl der Viren zu bestimmen, die sich im Abwasser finden ließen und Ellis noch unbekannt war.

Die Biologie gehörte damals zu den ganz jungen Wissenschaften, die noch nicht viel mit den statistischen Methoden in Berührung gekommen war, die für Delbrück das tägliche Brot ausgemacht hatten, als er sich bei Lise Meitner mit der Radioaktivität und ihrer Berechnung beschäftigen musste. Seine entsprechenden Kenntnisse erlaubten ihm bald den Nachweis, dass ein einzelnes Loch in dem Rasen von einem einzigen Virus herrührte, was die Biologen nach und nach dazu brachte, den Viren, die Bakterien angreifen, einen neuen Namen zu geben und als Bakteriophagen zu bezeichnen, was an einen Sarkophag erinnert, einen Fleischfresser eben. Bald setzte sich die Kurzform Phagen durch.

Mit diesem Wort kann man sagen, dass Delbrück in der damit bezeichneten Lebensform endlich das Wasserstoffatom der Biologie gefunden hat, wie er es sich vorgenommen hatte. Wie sich in den 1940er Jahren zu Delbrücks Freude herausstellte, besteht ein Phage wie ein Wasserstoffatom aus zwei Teilen. Das Atom aus einem Elektron und einem Proton und der Phage aus einer ersten Molekülsorte namens Protein und einer zweiten namens Nukleinsäure, genauer aus der Variante, die als DNA bekannt und berühmt geworden ist.

In dieser zweigeteilten Einfachheit erfüllte der Phage zu Beginn der 1950er Jahre genau die Hoffnung, die Bohr zwei Jahrzehnte vorher in Kopenhagen ausgedrückt hatte. Wie elegante Experimente damals zeigen konnten, besteht ein Phagenpartikel aus DNA und Protein, wenn es ein Bakterium besetzt, um danach nur seine DNA in die befallene Zelle zu injizieren. Dem Molekül gelingt hier drinnen, neue Phagen anfertigen zu lassen, die zuletzt, wenn sie in genügend großer Zahl vorliegen, die Hülle des Bakteriums platzen lassen und ausschwärmen.

Es ist also die DNA, in der die Bauanleitung von Phagen steckt, was die Biologen nach und nach zu der generellen Einsicht brachte, dass diese Molekülsorte in allen Zellen den Stoff abgibt, aus dem die Gene sind. Die jetzt vermehrt eingeleitete und bald wild gewordene Suche nach der Struktur dieser Nukleinsäure brachte 1953 die legendäre Doppelhelix zum Vorschein, mit der die Molekularbiologie einen frühen Höhepunkt erreichte und endgültig den Schwung aufnahm, der sie bis in die Moderne trägt und das Erbgut immer mehr in die Hände von Menschen legt.

Delbrück hat sich allerdings genau in dieser Zeit aus der Genforschung zurückgezogen, um zu versuchen, mit Bohrs Vorschlag auf einem anderen Feld zu punkten. Als er sich nach dem Wasserstoffatom der Vererbung umsah, schwebte ihm ein Gen als Atomverband vor Augen, was ihn an eine historische Zäsur erinnerte.

Bereits in den Jahren vor dem Ersten Weltkrieg hatten Physiker damit begonnen, dem Atom mit Experimenten auf den Leib zu rücken, und einen durchschlagenden Erfolg konnte der im englischen Manchester tätige Neuseeländer Ernest Rutherford verkünden, nachdem es ihm mit Hilfe von Strahlen, die auf dünne Goldfolien gelenkt und dabei in alle Richtungen gestreut wurden, gelungen war, das uralte Thema der Zweiteilung in einem Atom selbst zu finden. Was in der antiken Philosophie noch als unteilbar – atomos – gedacht war, erwies sich in der modernen Physik als aufteilbar, nämlich in einen Kern und eine Hülle.

Doch so fasziniert die Physiker reagierten, als sich zeigte, dass in einem Atom leichte Elektronen eine massive Mitte umrunden, so bedrückt sahen sie nach dieser Erkenntnis aus, denn elektrische Ladungen, die auf solchen Wegen unterwegs sind, strahlen Energie ab, wie die Physik im 19. Jahrhundert herausgefunden hatte, und jetzt hatte Rutherford den Salat. Sein Modell mit Atomkern und Elektronenhülle konnte so hübsch und ansprechend sein, wie es wollte. Es lieferte kein stabiles Gebilde und musste ergänzt und durch eine ungewöhnliche Idee gerettet werden. Als der Neuseeländer in Manchester grübelte, kam ihm ein Däne zur Hilfe, nämlich Niels Bohr, der an dieser Stelle anfing, den Quanten ihre Bedeutung zu geben.

Die klassische Physik musste den im Atom rotierenden Ladungen gestatten, ihre Energie kontinuierlich abzugeben, während Bohr ihnen Quantensprünge verordnen konnte, zu denen sie erst angeregt werden mussten. Sie konnten auf ihren aktuellen Bahnen verharren, was nicht weiter ausgeführt wird, um den zentralen Aspekt der Geschichte zu betonen, der Delbrück gefallen hatte und den er wiederholen wollte. Die Lektion der Rutherford-

Bohr-Zusammenarbeit besteht darin, dass ein einfaches Modell in Widerspruch mit dem klassischen Denken geraten kann und die Wissenschaft zu einer Neuorientierung zwingt. Was in Manchester mit dem Atom gelungen war, wollte Delbrück in den USA beim Gen erreichen, nur dass seine Träume platzten, als 1953 die Doppelhelix auftauchte und erlaubte, das Erbgeschehen in den Bahnen des klassischen Verstandes zu erklären.

In der Folge ließ Delbrück die Bakterien und ihre Phagen alleine und suchte nach einem neuen Wasserstoffatom – diesmal in der Physiologie. Er wollte Anfänge der Wahrnehmung studieren und dabei unter anderem verstehen können, wie Leben auf Licht zugeht, wie Lebewesen auf Licht reagieren. Er schaute sich im Reich der Organismen um und neigte einem Pilz zu, dessen Leben darin besteht, erst eine Art Teppich – ein Mycel – zu bilden, um anschließend von dort aus so etwas wie Härchen in die Höhe steigen zu lassen und ihnen ein Köpfchen aufzusetzen, in denen die Sporen verpackt sind, aus denen sein Nachwuchs entspringt. Der Pilz mit Namen Phycomyces muss dafür sorgen, dass die Sporen an geeigneten Orten ausgesetzt und sich selbst überlassen werden, und um sie zu finden, muss er seine Umgebung wahrnehmen können, um zum Beispiel in Richtung des Lichtes zu wachsen. „Mit allen Augen sucht die Kreatur das Offene“, wie Delbrück gerne aus den Duineser Elegien von Rilke zitierte und was dem Biophysiker die Aufgabe stellte, das Auge des Pilzes – seine Fotorezeptoren – zu identifizieren und zu klären, wie das Licht der Sonne erst aufgenommen und diese Information anschließend im Zellinneren verarbeitet wird, damit der Pilz in die Richtung wachsen kann, aus der das lebenswichtige Signal gekommen ist.

Wer mit Forschungsarbeiten in einem Laboratorium nicht vertraut ist, wird sich wundern, wie viele Themen und Aspekte selbst bei einer so einfach klingenden Frage auftauchen, wobei sich Delbrück im Laufe seiner Bemühungen mit dem Pilz immer mehr darauf konzentrierte, das ausfindig zu machen, was er irgendwann eine Signalübertragungskette nannte. Ein Lichtsignal aus der Umwelt wird in biochemische Signale der Innenwelt übertragen, das mit dem Einfangen der Lichtenergie beginnt, sich über molekulare Umwandlungen fortsetzt, bis zuletzt ein Mechanismus aktiviert wird, mit dessen Hilfe der Pilz sein Wachsen zum Offenen hin steuern und Platz für seinen Nachwuchs finden kann.

Delbrück dachte immer, die Hauptschwierigkeit würde sich innen finden, also bei der Suche nach den biochemischen Molekülen und ihren Umwandlungen, die von Nachbarstrukturen aufgenommen würden. Deshalb brauchte er einige Jahre, bis er kapierte, dass in mindestens einem Fall das Problem ganz am Anfang auftauchte. Es geht um die Beobachtung, das die Pilzhärchen, wenn sie nach oben – der Sonne entgegen – streben, auch darauf bedacht sind, Hindernissen auszuweichen und das wunderbar hinbekommen. Wenn man sie in der Nähe einer Wand wachsen lässt, drehen sie ihre Köpfchen elegant von ihr weg, was eine scheinbar einfache Frage aufwirft, nämlich die, auf welches Signal der Pilz dabei reagiert.

Delbrück selbst hat es jahrelang vergeblich herauszufinden versucht und irgendwann aufgegeben. Das heißt, er hat sich einen Spaß daraus gemacht, Neuankömmlingen in seiner Arbeitsgruppe vorzuschwindeln, er habe kürzlich beobachtet, dass Phycomyces mit einem Hindernis vor der Nase eine Ausweichreaktion ausführen könne, und jetzt würde ihn – Delbrück – das dabei von dem Pilz wahrgenommene Signal interessieren, das leicht zu finden sein müsse, wie er andeutete.

Damit ließ er eines Tages auch mich allein, und statt im Laboratorium Auskünfte einzuholen und mich auch zu erkundigen, ob die Geschichte stimme, die ich gerade erzählt bekommen hatte, machte ich mich an die Arbeit, hatte ich doch eine Idee. Es könnte doch sein, so dachte ich, dass irgendein flüchtiger Stoff von der zu vermeidenden Wand ausging, und sie wollte ich wegblasen, wobei ich hoffte, damit auch die Reaktion verschwinden zu lassen.

Doch das passierte nicht. Es passierte sogar das Gegenteil, denn die Härchen stemmten sich gegen den Wind und lenkten ihr Wachsen in ihn hinein.

Jetzt hatte ich eine Reaktion mehr, statt einer weniger, wodurch Delbrück einen Lachanfall bekam. Als er sich davon erholt hatte, runzelte er aber wieder seine Stirn, und nach und nach nahm in ihm seine Verzweiflung zu. Als er starb, wusste es immer noch nicht, wie der kleine Pilz einer großen Wand ausweicht, und er fühlte sich „sick at heart at the unsolved state of the problem", wie er kurz vor seinem Tode schrieb. Ein Nobelpreisträger war an einer einfachen Frage gescheitert, und es ging ihm an die Nieren.

Beim späteren Nachdenken über die Frage, wie der versierte Delbrück an dieser Stelle scheitern konnte, fällt mir ein Gespräch mit Barbara McClintock ein, der großen alten Dame der Genetik, die 1983 mit dem Nobelpreis für Medizin ausgezeichnet worden ist. Als unsere Unterhaltung auf Delbrücks Bemühungen um den Pilz kam, meinte die zierliche Frau überzeugt und energisch, „he fools him", Phycomyces hält den Professor zum Narren.

Barbara McClintock selbst verdankte ihre eigenen Erfolge dem intensiven Bemühen, ein Gefühl für den Organismus – „a feeling for the organism" – zu entwickeln, den sie erforschen wollte. Wenn man nicht von ihnen ausgetrickst werden wollte, musste man sich in die Objekte der wissenschaftlichen Begierde hineinversetzen, wie sie es selbst mit den Pflanzen gemacht hatte, deren Vererbung sie auf ihre Weise besser als die (männliche) Konkurrenz erkunden konnte, die sich weniger auf die Zellen und Gewebe einließen und mehr mit ihren Modellen in sie hinein drängten und drangen.

So etwas wollte ich bei Phycomyces versuchen, um im Rahmen einer Doktorarbeit herauszufinden, was konkret passieren muss, damit der Pilz Licht wahrnehmen und auf dessen Quelle zuwachsen kann. Eine Möglichkeit, seinen Doktortitel unter Delbrücks Anleitung zu erarbeiten, bestand darin, einzelne Glieder der Signalkette zu identifizieren und zu charakterisieren, und damit war ich in der Mitte der 1970er Jahre beschäftigt. Das heißt, am Ende konnte ich zwar vermelden, dass es Moleküle gibt, die andere Moleküle solange besetzen und damit blockieren, bis Licht sie daran hindert, was dann die Aktivierung eines anderen Molekülkomplexes zur Folge hat, der wiederum in der Folge mehr von dem Stoff herstellt, aus dem die Zellwand besteht, und so weiter und so fort.

Aber trotz der weiter zunehmenden Fülle von biochemischen Details kam man der Antwort auf die Frage nicht näher, ob die in den Reagenzgläsern vermessenen Reaktionen etwas mit dem beobachtbaren Verhalten zu tun hat, mit dem der Pilz die Helligkeit nutzt, um sein Überleben zu sichern. Bei aller Sorgfalt der Arbeit und aller Fülle der Daten blieb das Gefühl, nicht wirklich etwas zum Verständnis des Lebens beigetragen zu haben, was man auch durch den Satz ausdrücken kann, dass ich bei allem Erfolg im Kleinen im großen Ganzen gescheitert bin und nicht wirklich etwas zu den Rätseln der Lebensempfindungen beigetragen habe.

Man sollte aber nicht nur feststellen, dass Delbrücks Versuche, die Anfänge der Wahrnehmung mit Hilfe von Phycomyces zu verstehen, insgesamt gescheitert sind. Man sollte im Anschluss daran eher fragen, ob es nach solch einer Erfahrung möglich ist, weiter sein Glück zu versuchen, um vielleicht zu verstehen, woran man bei den ersten Bemühungen gescheitert ist.

Delbrück lebte nach dem Satz von Samuel Beckett, „Immer versucht. Immer gescheitert. Einerlei. Wieder versuchen. Wieder scheitern. Besser scheitern", was den Hinweis erlaubt, dass der Wissenschaftler und der Dichter an einigen Punkten verbunden sind. Beide sind 1906 geboren und beide sind 1969 nach Stockholm eingeladen worden, um ihre jeweiligen Nobelpreise entgegen zu nehmen. Doch so sehr sich Delbrück auch darauf gefreut hat, den von ihm viel gelesenen irischen Dichter zu treffen – Beckett ist nicht nach Schweden gekommen, um seine Urkunde und seine Medaille (und den Scheck) in Empfang zu nehmen, wobei es Delbrück imponiert hat, dass Beckett dem Nobelkomitee nur mit knappen Worten mitgeteilt hat, „Ich komme nicht". Eine Begründung hat er nicht angegeben.

Zurück zu Phycomyces, den Delbrück nicht zuletzt für seine Experimente ausgewählt hat, weil das Gebilde, das sich vor einem aufrichtet, reagiert und wächst, aus einer Zelle besteht. Auf den ersten Blick leuchtet die Idee ein, mit einer solchen Vorgabe müsse sich leichter erfassen lassen, wie Licht seine Wirkung im Leben erzielt, als etwa durch Untersuchungen im Auge, wo die unterschiedlichsten Zellen miteinander agieren müssen, um die Signale der auf der Netzhaut empfangenen Strahlen erst in biochemische Reaktionen und dann in nervöse Signale umzuwandeln, die zuletzt ins Gehirn ziehen und hier ihre Aufgaben zu erfüllen haben. In dem Pilz läuft alles in einem überschaubaren zellulären Raum ab, und darin sollte man einen Einblick gewinnen können, wie nicht nur Delbrück meinte und probierte.

Doch was beim ersten Hören überzeugend klingen konnte, hat sich inzwischen als Fehlschluss erwiesen, und tatsächlich bedeutet das einzellige Dasein des Pilzes, dass er sein Innenleben nicht allein den dort versammelten und Biochemikern zugänglichen Molekülen und ihren messbaren Reaktionen verdankt, sondern eine Qualität entfalten muss, die inzwischen als „Verschränkung" bezeichnet wird und womit gemeint ist, dass Pilze ein „Verwobenes Leben" führen, wie man inzwischen sagt. Phycomyces beginnt sein Leben als eine Spore, die auskeimt und mit Fäden einen Teppich ausbildet, der Myzel heißt und in dem sich alle möglichen Netzwerke bilden, die flexibel agieren, Informationen austauschen und sich unaufhörlich umgestalten.

Dieser quirligen Verwobenheit oder Verschränkung fügt das einfallende Licht eine weitere Komponente hinzu, die sich nicht ohne weiteres mit dem Ansatz der traditionellen Molekularbiologie fassen lässt und im zellulären Gewimmel untergeht, ohne identifiziert werden zu können. In jeder Zelle steckt ein Stück der Geschichte des Lebens, das sich seit Milliarden von Jahren entwickelt, und man kann nur scheitern, wenn man bloß mit ihm spielen will und als Antwort auf die Angabe einer bestimmten Molekülkonstellation wartet, wie es damals als selbstverständlich galt, als alle Welt Molekularbiologie trieb und in jedem Punkt molekular dachte, wie es das Paradigma vorschrieb. Delbrück und sein Doktorand haben zu wenig Respekt vor der Zelle gezeigt, die sich spielerisch leicht dem Licht zuwenden kann. Vielleicht sollten wir sie einfach in Ruhe damit weitermachen lassen.

Und dann ist da noch etwas: Wenn sich Delbrück auch von der Genetik abwandte, als die Doppelhelix die Aufmerksamkeit der wissenschaftlichen Welt zu beanspruchen begann, so hielt er es doch wie seine damaligen Kollegen für ausgemacht, dass die Zukunft der Wissenschaften vom Leben molekular ausgerichtet bleiben und der Molekularbiologie bald eine Molekularmedizin folgen wird, wobei man sich noch weitere Wortkombinationen ausdenken kann.

Inzwischen hat sich der Wind gedreht, und in jüngster Zeit kann man mehr von Systembiologie und Systembiotechnologie lesen, und von einer systemisch denkenden Medizin werden systemische Therapien erwartet, wobei das Wort „System" in der Zeit der Romantik geschätzt wurde und helfen sollte, mehr die Beziehungen der Teile – der Moleküle – als diese selbst ins Auge zu fassen. „Alles ist Beziehung", wie Alexander von Humboldt einmal geschrieben hat. Gute Beziehungen sind doppelt wichtig – nicht nur die zwischen einem Forscher und seinem Objekt, sondern auch die zwischen einem Autor und seinem Subjekt. Ich könnte ewig von meinen Helden erzählen.

Die einsame Dame im Schnee
– Lise Meitner –

Eine dritte Erzählung mit Wissenschaft

Lise Meitner wollte unbedingt eher als die zwei Männer zur Welt kommen, mit denen sie später viel in ihrem Leben zu schaffen haben sollte. Während Albert Einstein und Otto Hahn bis 1879 brauchten, bevor sie von ihren Eltern auf Erden begrüßt und in die Arme genommen werden konnten, hatte es das kleine Mädchen schon im Jahr zuvor geschafft, mit ihren gerade geöffneten Augen auf die Welt und besonders in ihr Heimatland Österreich zu schauen, wo es vieles gab, was ihr nicht gefallen konnte und worüber sich heranwachsende Mädchen damals ärgern mussten.

In dem bekanntlich filmreifen Staatengebilde einer k. und k. Monarchie konnte eine Frau zur Zeit von Lises Geburt – wie in den meisten europäischen Staaten – weder auf ein leichtes noch auf ein mit dem als stark bezeichneten Geschlecht gleichberechtigtes Leben hoffen.

Als die kleine Lise im zweiten Gemeindebezirk von Wien als drittes Kind eines jüdischen Rechtsanwalts das berühmte Licht der Welt erblickte und unter die Menschen kam, mussten noch zwanzig Jahre vergehen, bis Frauen das Recht erhielten, studieren zu dürfen. Außerdem wollte man der Kleinen den 7. November als Tag ihrer Geburt streitig machen, an dem auch Lise Meitners großes wissenschaftliches Vorbild, die aus Polen stammende Marie Curie, ins Leben eingetreten war. Aus dieser Verbundenheit heraus hielt Lise Meitner ihr Leben lang an dem 7. November fest, und sie ignorierte, dass irgendwann irgendwer bei einem behördlichen Eintrag in offiziellen Unterlagen der Israelitischen Kultusgemeinde aus der 7 eine 17 gemacht hatte, was dann amtlich galt, aber erstens schade war und zweitens in biographischen Darstellungen zu Verwirrungen führte.

Dies war bei den insgesamt acht Kindern der Familie Meitner – vier davon Mädchen – nur eine von vielen Komplikationen, die zu deren Wiener Alltag gehörten. Lise selbst hielt sich weitgehend davon fern, sie agierte gradlinig und fiel zu Hause angenehm auf, weil sie gerne still und vergnügt lernte. Sie ließ zudem einige Begabungen erkennen, die sich nicht zuletzt in der Musik und der Mathematik zeigten, da sie gut mit Gleichungen umgehen und das Klavier spielen konnte.

Diese Kombination für einen fähigen Umgang mit Zahlen und Noten findet man auch bei Max Planck, der als Physiker berühmt und erfolgreich war und als Pianist konzertreif spielte und gerne als Begleiter zu musikalischen Abenden eingeladen wurde. Zu dem großen Planck machte sich die kleine Lise Meitner 1907 nach ihrer Promotion auf, um seine Vorlesungen zur Thermodynamik in Berlin zu hören und dabei tiefer in die Theorie der Physik einzudringen, die seit kurzem durch einen ungewöhnlichen Gedanken von Planck eine völlig neue Wissenschaft geworden war, auch wenn es noch einige Zeit dauern sollte, bis die Menschheit dies bemerkte und angemessen darauf reagierte.

Der Theoretiker hatte sich im Jahre 1900 in einem mutigen Akt der Verzweiflung dazu durchgerungen, die Energie der Materie und des Lichts nur diskrete Werte annehmen zu lassen, und er erlaubte ihnen, zwischen diesen Zuständen mit Quantensprüngen zu wechseln. Damit hatte Planck als Revolutionär wider Willen den Startschuss für die Entwicklung seiner Wissenschaft gegeben, die in den folgenden Jahrzehnten die moderne Quantenmechanik hervorgebracht hat, mit der die Menschen bis heute arbeiten, um sowohl die Dynamik als auch die Stabilität der Welt zu verstehen und das zivile Leben technisch voranzubringen.

Wenn der Wissenschaftler Planck seinem Fach mit dem Beginn des 20. Jahrhunderts auch eine umwälzende Neuerung verschrieben hatte, so agierte und dachte der beamtete Professor in gesellschaftlicher Hinsicht höchst konservativ, wie es im 19. Jahrhundert noch üblich war, was zu der peinlichen Situation führte, dass Planck das Fräulein Meitner, das sich zu seinen Vorlesungen anmelden wollte, barsch abkanzelte, indem er sie vorwurfsvoll fragte, „Sie haben doch schon den Doktortitel, was wollen Sie denn jetzt noch?" Kinder, Küche und Kirche, so meinte der 50-jährige Planck wohl, sollten das Arbeitsfeld für die Schaffenskraft auch von intelligenten Frauen sein, doch da hatte er seine schlichte Rechnung ohne die kluge, willensstarke und noch ziemlich junge Lise Meitner gemacht, die sich längst in der traditionellen Männerdomäne mit ihrer behaglichen Gelehrsamkeit persönlichen Respekt verschafft und zudem schon das wissenschaftliche Thema gesichtet hatte, das sie ihr Leben lang verfolgen wollte und mit dem sie sich einen Namen wird machen können.

Der Weg bis zu diesem Ziel kostete einige Mühen. Er beginnt in Wien, wo Mädchen oder junge Frauen erst zwanzig Jahre nach Lises Geburt eine Universität von innen betreten und ein Studium aufnehmen. Für ihre Eltern machte das Geschlecht zum Glück keinen Unterschied, und so förderten sie die offenkundige Begabung ihrer Tochter und halfen durch Privatstunden, ihre Talente zu entwickeln. Im Juli 1901 konnte die Meitnerin im Akademischen Gymnasium in Wien erst ihre Reifeprüfung ablegen und sich danach im Oktober als Studentin an der kaiserlich-königlichen Universität ihrer Geburtsstadt einschreiben.

Von nun an kann und wird sie Platz in den Hörsälen und Seminarräumen nehmen, um so viel wie möglich von den Naturwissenschaften mit ihren damaligen Umwälzungen mitbekommen und in sich aufnehmen zu können. Sie schwärmt in ihren ersten Studienjahren von dem überragenden Star der Wiener Forschungsszene, dem unvergleichlichen und mit seinem Vollbart unverkennbaren, wenn auch oftmals finster dreinschauenden Ludwig Boltzmann, der nicht nur die Fachwelt mit seiner statistischen Behandlung von atomaren Prozessen beeindruckte, sondern sich auch nicht scheute, in „Populären Schriften" über Kollegen herzuziehen und sie zum Beispiel als „geistlose, unwissende, Unsinn schmierende, die Köpfe durch hohlen Wortkram von Grund aus und auf immer degenerierende Philosophaster" zu bezeichnen.

Boltzmann machte Wissenschaft zu einem intellektuellen Ereignis mit krachenden Vergnüglichkeiten und riskierte daneben unerschrocken Ausflüge in Nachbardisziplinen. So verkündete er etwa, dass bei aller Qualität der Physik aus jüngster Vergangenheit das zu Ende gehende 19. Jahrhundert als das Zeitalter von Charles Darwin in die Geschichtsbücher eingehen wird.

Dabei biss sich Boltzmann an dem Widerspruch die theoretischen Zähne aus, dass dank Darwins Evolution die Ordnung der lebendigen Dinge zunahm, während Boltzmanns statistische Physik gezwungen war, das Gegenteil zu berechnen, nämlich eine wachsende Unordnung, wie man sie in einem benutzten Zimmer finden kann, das nicht aufgeräumt und sich allein überlassen wird. Boltzmann sprach oft über

Darwin, da dessen Lehre, so der Wiener Physiker
in öffentlichen Vorträgen, bei denen Lise Meitner
ihm beeindruckt zuhören konnte, „alles Heil für die
Philosophie" enthalte. Schließlich würden sich mithilfe des evolutionären Gedankens die Gesetze des
menschlichen Denkens aus ererbten Denkgewohn-
heiten ableiten lassen, wie er schon frühzeitig abzu-
sehen in der Lage war, und am Ende ihrer Entwick-
lungsreihe könnte man erleben, wie Boltzmann
ausführte, dass sein Traum wahr werden würde, in
dem dank der Wissenschaft „die Menschen von der
geistige Migräne befreit werden, welche man Meta-
physik nennt."

Worte wie Donnerhall, die Lise Meitner von dem
eher als zurückhaltend bekannten und vorsichtig
argumentierenden Planck in Berlin nicht erwartete,
zu dem sie 1907 aufbrach, nachdem die 28-jährige
in Wien mit einer Doktorarbeit über „Wärmeleitung
in inhomogenen Körpern" promoviert worden war.

Als sie ihre Dissertation abgeschlossen hatte,
erschütterte die Nachricht nicht nur das Wiener
Universitätsleben, dass Boltzmann seinem Leben
bei einem Ferienaufenthalt in Duino ein jähes Ende
gesetzt hatte. In den Gesprächen darüber wurde
vielfach eine zunehmende Depression endogener
Art als Ursache der Selbsttötung in Erwägung gezogen, aber so einfach wollte sich die junge Frau Dok-
tor die Sache nicht machen, weder in Wien, noch
in Berlin. Sie hatte Boltzmann so verstanden, dass

er die Objektivität der Physik als wissenschaftlichen Wert über alles schätzte, und so musste dem streitbaren Theoretiker, der in seinem massiven Körper eine empfindliche Seele verbarg, der Gedanke äußerst befremdlich erscheinen, der bei der Suche nach den Atomen aufgekommen war und in der Quantenphysik die Herrschaft übernehmen sollte. Er besagte, dass Subjekte in der Lage waren, mitzubestimmen, was sich über Atome sagen ließ, die offenbar ohne eine Messung unbestimmt bleiben mussten, was Boltzmann unsinnig erschien, innerlich von ihm abgelehnt wurde.

In seinem theoretischen Bemühen hatte sich der ungestüme Physiker in Wien – wie auch Planck in Berlin – viele Gedanken zu der Frage gemacht, wie sich nicht nur feststellen und erfahren, sondern auch sauber beweisen lässt, dass die physikalische Zeit nur eine Richtung kennt und in dem bekannten Sinn nach vorne läuft und Menschen mit ihr älter werden und vergehen.

Als Meister der statistischen Betrachtung mit wahrscheinlichen Verteilungen, die sich um ein Gleichgewicht bemühten, fand Boltzmann die Idee nicht schlecht, sich zum einen ein Universum vorzustellen, in dem es dynamisch zugeht und alles Geschehen spontanen Schwankungen unterliegt – auch die Richtung der Zeit –, sich zum zweiten aber auszumalen, dass die Menschen in Wien und anderswo auf der Erde oder allgemein im Sonnensystem sich mehr oder weniger zufällig dort aufhalten, wo die Zeit in die vertraute Richtung fließt. Anderswo im Universum kann sie aus statistischen Gründen andersherum vergehen und rückwärts laufen, überlegte Boltzmann. Mit dieser Konstruktion konnte er in der Sprache der Mathematik beweisen, dass der Pfeil der Zeit in von Menschen bewohnten Gefilden nach vorne zeigt und weder umkehren noch nach hinten fliegen kann.

Doch als Boltzmann dies triumphierend verkündete, hielt man ihm vor, dass er jetzt genau das unternommen hatte, was er von Grund auf hasste, nämlich den Subjekten eine Rolle bei der Aufstellung der Naturgesetze zuzuweisen. Die Richtung der Zeit hing bei aller mathematischen Kunst plötzlich vom Aufenthaltsort der Menschen ab. Boltzmanns vermeintlicher Sieg verwandelte sich mit einem Schlag in eine schlimme Niederlage, und es kam einigen von seinen Bewunderern so vor, als ob diese Einsicht ihn an Selbstaufgabe denken und seine Selbsttötung in Erwägung ziehen ließ, wie er sie 1906 vollzogen hat.

20 Jahre nach diesem tragischen Ende ist Lise Meitner im Anschluss an ihr inzwischen erfolgreich absolviertes Erklettern der nächsten Karrierestufe – gemeint ist ihre Habilitation – im Rahmen ihrer Einführungsvorlesung „Über kosmische Physik" auf Boltzmanns Schwierigkeiten mit der Richtung der Zeit im Universum eingegangen, ohne sie

ausräumen zu können. So gesehen gibt es keinen Grund, ihren Vortrag mit dem genannten Titel anzusprechen. Dies erfolgt trotzdem, und zwar wegen der eher traurigen Tatsache, dass die Berliner Presse in ihrem Bericht über die akademische Veranstaltung ihre Leserinnen und Leser dahingehend unterrichtet hat, dass ein „Fräulein Meitner" in einem Hörsaal der Physik vor Publikum etwas „Über kosmetische Physik" vorgetragen habe, was die Betroffene überhaupt nicht komisch fand.

Eher noch weniger komisch fand das unterschätzte Fräulein aus Wien im Jahre 1907 Plancks fast unverschämte und bereits zitierte Frage in Berlin, wobei es aus heutiger Sicht insgesamt lächerlich erscheint, dass sie als promovierte Frau den berühmten Mann überhaupt um Erlaubnis bitten musste, an seinen Vorlesungen teilnehmen zu dürfen. Ihren Geschlechtsgenossinnen war es an preußischen Hochschulen ohne solch eine Zustimmung nicht gestattet, ein Studium aufzunehmen. Frauen brauchten ein persönliches Ok des Dozenten, was Planck trotz seiner knurrigen Anfangsskepsis schließlich erteilte, wobei anzumerken ist, dass der Vater der Quantenphysik in der Folgezeit menschliche Größe zeigte, als er gegenüber den Leistungen der aufmerksamen Hörerin immer mehr Respekt entwickelte und für seine bornierte Anfangsskepsis um Entschuldigung bat. So konnte im Laufe der Zeit eine wunderbare Freundschaft zwischen dem gestandenen Dozenten und seiner aufstrebenden Hörerin entstehen. Lise Meitner verehrte in Planck bald nicht nur den Physiker, sondern auch den Menschen und meinte zuletzt sogar, dass die Luft in einem Zimmer besser würde, wenn Planck herein käme – womit sie ein Wort ihres bewunderten Lehrers aufgriff. Planck verehrte den Geiger Joseph Joachim, und er hat seine Bewunderung für den Solisten in die Worte gefasst, dass die Anwesenheit Joachims in der Luft zu spüren sei, die ihn umwehte, und man merke sofort, ob er in einen Raum eingetreten sei.

In der Berliner Luft wurde ab 1907 auch das wissenschaftliche Leben für Lise Meitner besser, denn in diesem Jahr lernte sie den fast gleichaltrigen Chemiker Otto Hahn kennen, mit dem sich eine höchst erfreuliche Zusammenarbeit anbahnte, die beide über viele Jahrzehnte durchgehalten und in deren Verlauf sie sich über viele Erfolge freuen konnten – mit dem leider höchst unglücklichen Endpunkt, dass der Mann alleine den Nobelpreis für Chemie für das Jahr 1944 bekommen hat, der beiden zugestanden und den die Frau auf jeden Fall eher verdient hätte.

Das Mitglied der Stockholmer Akademie, das damals mit dem Gutachten für das Nobelkomitee beauftragt war, scheint die Leistung einer Frau von vorneherein unterschätzt zu haben, wie ein Blick in die Dokumente zeigt, die Historikerinnen und Geschichtsschreibern seit einigen Jahren offen stehen. Doch das Jammern über vergossene Milch hilft niemandem weiter und soll hier aufhören.

Zurück zum Jahr 1907, dem Jahr des Kennenlernens, in dem Hahn seine Habilitationsschrift eingereicht und mit dieser Arbeit seiner Wissenschaft das neue Gebiet erschlossen hat, das er Radiochemie nannte. Es ging auf diesem Feld um die Analyse und das Verstehen von radioaktiven Elementen, also von Substanzen, die die Eigenschaft der Radioaktivität zeigten, womit ausgedrückt wurde, dass einige Atome energiereiche Strahlung aussenden konnten. Zum ersten Mal bemerkt wurde diese höchst rätselhafte Eigenschaft von chemischen Elementen am Ende des 19. Jahrhunderte, und zwar in Paris, wo sich auch Marie Curie und ihr Ehemann mit dem Thema befassten, dem sie seinen von dem lateinischen Wort für „strahlen" – radiare – abgeleiteten Namen gegeben hatten, „radioactivité" eben, also Strahlungsaktivität.

Als Lise Meitner 1954 „Einige Erinnerungen" an ihre Laufbahn zusammengestellt hat, konnte sie auch von der Aufregung erzählen, von der die Wissenschaft ihrer frühen Jahre mit den dazugehörigen Entdeckungen ergriffen wurde, und es ist ihr wichtig zu betonen, dass sie den anfallenden Forschungsarbeiten ihre „unbeschwertesten Arbeitsjahre" verdankte, wie sie mit einem ungewohnten und ungewöhnlichen Superlativ ausdrückte:

„Die Radioaktivität und Atomphysik waren damals in einer unglaublich raschen Fortentwicklung; fast jeder Monat brachte ein wunderbares, überraschendes, neues Ergebnis in einem der auf diesem Gebiet arbeitenden Laboratorien. Wenn unsere Arbeit gut ging, sangen wir zweistimmig meistens Brahmslieder, wobei ich nur summen konnte, während Hahn eine gute Singstimme hatte. Mit den jungen Kollegen am Physikalischen Institut hatten wir menschlich und wissenschaftlich ein gutes Verhältnis. Sie kamen uns öfters besuchen, und es konnte passieren, dass sie durch das Fenster der Holzwerkstatt hereinstiegen, statt den üblichen Weg zu nehmen. Kurz, wir waren jung, vergnügt und sorglos, politisch vielleicht zu sorglos."

Bei diesem fröhlich-freundlichen Text darf sich die Moderne über das gemeinsame Singen in einem Laboratorium wundern und fragen, welcher Naturforscher heute noch Brahmslieder kennt oder gar rezitieren könnte, und nach dem Singen soll hier gar nicht gefragt werden.

Beim Lesen der Zeilen stößt natürlich vor allem die Erwähnung einer Holzwerkstatt auf, die tatsächlich ein skandalöses Faktum bietet. Als sich Hahn und Meitner einig waren, eine Kooperation zu beginnen, durfte die Frau im Team trotz dieser Vereinbarung das Institut, in dem der Radiochemiker arbeitete, auf ausdrückliche Anordnung des geschäftsführenden Direktors, dessen Name des Sängers Höflichkeit verschweigen soll, nur durch den Hintereingang betreten, und der führte sie nur bis in eine Holzwerkstatt. Diesen eher schäbigen Raum durfte Lise Meitner während ihrer wissenschaftlichen Arbeit in den ersten Jahren nicht verlassen, wobei nicht gefragt werden soll, wie weit ihr Weg zu einer Toilette war. Meitner durfte nicht einmal die Experimentierräume betreten, in denen Studenten ihr Praktikum absolvierten.

Dieses blödsinnige Verbot galt bis 1909. In diesem Jahr ließen die Preußen erstmals Frauen offiziell zum Studium zu, was Lise Meitners Beschränkung auf die Holzwerkstatt aber nicht unmittelbar aufhob. Darauf musste sie noch Jahre warten, nämlich bis zu den Tagen, in denen die Männer der deutschen Wissenschaft 1911 erst eine Kaiser-Wilhelm-Gesellschaft gegründet haben, um sich 1913 daranzumachen, in Berlin-Dahlem ein Kaiser-Wilhelm-Institut für Chemie zu bauen und funktionsfähig einzurichten.

In das dazugehörige Gebäude kann das Duo Hahn-Meitner schließlich einziehen, dessen Arbeiten seit 1909 die Radiochemie voranbringen und dabei von einer besonderen Entdeckung profitieren.

Gemeint ist die Beobachtung, dass radioaktive Atome, die ihre Strahlung aussenden, dabei einen Rückstoß erleiden, „ähnlich wie eine Kanone, wenn das Geschoß den Lauf verlässt.“ Die letzten Worte stammen von Otto Hahn, und sie finden sich in der Arbeit, in der er 1909 in der „Physikalischen Zeitschrift“ „Über eine neue Erscheinung bei der Aktivierung von Aktinium" berichtet, die er sorgfältig vermessen hat.

Die letzten Sätze verlangen mindestens vier Erläuterungen, auch wenn sie harmlos klingen. Die erste soll auf die Tatsache hinweisen, dass der Chemiker Hahn sich kräftig in der Physik umtreibt, was auch bei der Radioaktivität nicht anders geht, deren Erkundung von der Wissenschaft die Interdisziplinarität verlangt, die von dem chemisch-physikalischen Duo aus Hahn und Meitner in den kommenden Jahren praktiziert wird und ihnen viele Entdeckungen ermöglicht.

Die zweite Anmerkung muss auf das Metall Aktinium eingehen, das heute meist Actinium geschrieben wird und in der Fachliteratur die Abkürzung Ac bekommen hat. Das chemische Element ist einigen Quellen zufolge seit 1899 bekannt, wobei die Chemiegeschichte lieber das Jahr 1902 für die Entdeckung anführt. Damals hat der aus Schlesien stammende Friedrich Giesel mit Pechblende experimentiert, einem aus dem Erzgebirge stammenden Mineral, und dabei dessen radioaktive Bestandteile absondern können, unter anderem das Actinium.

Als dritte Anmerkung darf der Hinweis nicht fehlen, dass Hahn bereits in der zitierten Publikation von 1909 davon spricht, dass in seinen Versuchen ein Aton „zerplatzt" sei, was anschaulich klingt, aber etwa drei Jahrzehnte später als unangemessen erkannt und kassiert wird. Und das, obwohl

Hahn 1938 in dem Element Uran einen Kern „zerplatzen" lässt, nachdem die entsprechenden Atome mit Neutronen bombardiert worden sind.

Die Treffer haben dabei das ausgelöst, was bald Kernspaltung heißt und den Weg zur Konstruktion einer Atombombe öffnet, der von der amerikanischen Regierung in Kriegszeiten befördert und finanziert wird. Doch bis dahin ist noch ein weiter Weg zu gehen, und eine vierte Anmerkung kann zu dem 1909 aktuellen radioaktiven Rückstoß zurückführen, den Otto Hahn zwar als erster benutzt, der aber bereits 1904 von einer Frau beschrieben worden ist. Gemeint ist die Kanadierin Harriet Brooks, die als erste Atomphysikerin ihrer Heimat zwar bereits zu Lebzeiten viele Erfolge erzielen konnte, aber trotzdem erst posthum zu Ehren kam, als sie 2002 in die Canadian Science and Engineering Hall of Fame aufgenommen wurde.

Es waren Experimente mit radioaktiven Strahlungen von Thorium, mit deren Hilfe sie auf den Rückstoß schließen konnte, wobei diese Einsicht die seltsame und eher verwirrende Ansicht beförderte, dass man sich die aus den Atomen heraustretende Energie als einen Strom aus Teilchen vorstellen muss. Nach Abschluss ihrer Arbeiten zu diesem Thema hat Harriett Brooks Europa besucht und erst in Paris mit Marie und Pierre Curie zusammengearbeitet, bevor sie von Ernest Rutherford zu gemeinsamen Experimenten nach London eingeladen worden ist, wobei auffallen wird, dass die drei Genannten alle mit Nobelpreisen für Physik und Chemie geehrt worden sind. Harriett Brooks hat sich offenbar eine Zeitlang in höchsten Kreisen um getan, doch dann bricht sie ihre Karriere ab. Sie heiratet in Montreal einen wohlhabenden Ingenieur und bekommt drei Kinder, mit denen sie sich für ein Familienleben und gegen die Wissenschaft entscheidet, auch wenn sie dazu nichts Schriftliches anfertigt und keine persönliche Begründung explizit von ihr bekannt ist.

Nachdem Hahn und Meitner den von Harriett Brooks entdeckten physikalischen Rückstoß zur „Ausarbeitung einer neuen Methode zur Herstellung radioaktiver Zerfallsprodukte" einsetzen konnten – so der Titel ihrer gemeinsamen Arbeit aus dem Jahre 1909 –, wurden die Namen des europäischen Duos immer bekannter in der wissenschaftlichen Welt, wobei sich an dieser Stelle vielleicht die Gelegenheit bietet, eine etwas ungewohnte Frage zu stellen.

Schließlich ist mit Harriet Brooks neben Marie Curie und Lise Meitner eine dritte Frau aufgetaucht, die von der Radioaktivität beeindruckt war, wobei man noch weitere Damen wie die Österreicherin Berta Karlik in die Liste aufnehmen könnte, die wie Lise Meitner aus Wien stammte. Warum ist das so? Was bringt die Strahlentätigkeit von Atomen als Besonderheit mit sich, um die Fantasie von wissenschaftlich orientierten und talentierten Frauen anzuregen und ihre Zuneigung zu finden?

Leider haben die genannten Damen selbst zu dem Thema keine erhellende Auskunft gegeben und sich in ihren Publikation keinen euphorischen Schwärmereien hingegeben oder große Versprechungen angekündigt, sondern sich stets auf sachlich nüchterne Ausführungen beschränkt, wie die, mit denen Marie Curie ihre „Untersuchungen über die Radioaktiven Substanzen" einleitet, die sie 1903 vorlegt. Hier stellt sie unaufgeregt etwas Aufregendes fest, nämlich dass „die unsichtbare Strahlung auf gegen Licht geschützte fotografische Platten wirkt", dass sie „alle festen, flüssigen und gasförmigen Körper durchdringen kann" und dabei „keiner bekannten erregenden Ursache zu entspringen scheint".

Doch wie Lise Meitner ist Marie Curie der festen Überzeugung, dass die Radioaktivität aus dem Inneren der Materie und damit der Atome kommt und ihre Strahlenenergie somit das erste Werkzeug liefert, mit denen Menschen ein experimenteller Zugang zu den Bausteinen der Welt möglich wird. Die beiden genannten Frauen streben „Erkenntnisse über die Elementarbausteine der Materie als letzte stoffliche Einheiten" an, die „jeder wissenschaftlichen Naturbetrachtung zugrunde liegen sollte", wie Lise Meitner das Buch einleitet, das sie 1935 zusammen mit Max Delbrück über den „Aufbau der Atomkerne" verfasst hat.

Es müssen noch Jahrzehnte vergehen, bevor sie und die Wissenschaft soweit sind, um die Atomkerne ins Visier der Forschung nehmen zu können, wobei der strahlende Beginn der Zusammenarbeit mit Otto Hahn einen herben Dämpfer erfährt, als Europa 1914 in den Ersten Weltkrieg hineinschliddert und sich der Wissenschaft neue Aufgaben stellen.

Zwar hat es Lise Meitner inzwischen geschafft, als Assistentin von Max Planck eine wissenschaftliche Angestellte geworden zu sein und in dieser Funktion forschen zu können, doch dann ruft sie eine andere Pflicht. Sie meldet sich in ihrem Heimatland freiwillig als Röntgenschwester, um in einem Krankenlazarett an der österreichischen Front Dienst zu tun, wofür sie sich eigens in Kursen ausbilden lässt. Sie verrichtet diesen Dienst bis 1917, um im September dieses Jahres nach Berlin zurückzukehren, was auf dringende Bitten von Otto Hahn hin geschieht.

Er hatte ihr in höchster Aufregung geschrieben – damals funktionierte die Post im Krieg so gut wie heute im Frieden –, dass die von ihnen gemeinsam aufgebaute Abteilung für Radiochemie aufgelöst und militärischen Zwecken zugeführt werden solle und das passieren würde, falls sich weder er noch sie im Institut blicken ließen.

Da Hahn im Fronteinsatz stand, dort als unentbehrlich galt und nicht weg konnte, blieb Lise Meitner nichts anderes übrig, als nach Dahlem zurückzukommen, um zu verhindern, „dass unsere jahrelange Arbeit zunichtegemacht" wird, wie es flehentlich in Hahns Brief hieß, wobei er konkret befürchtete, dass die Soldaten sogar die fest geschraubten Apparate abmontieren und überhaupt die ganze Einrichtung verschleppen würden, wenn sie niemand daran hinderte.

Lise Meitner machte sich also auf den Weg in das Kaiser-Wilhelm-Institut, und es sollte ihr gelingen, unter anderem mithilfe von Planck die militärische Plünderung der Laboratorien zu verhindern, doch bevor es darum geht, was sie dort und später nach dem Ersten Weltkrieg gemacht hat, soll ein Blick auf die militärische Lage und die Einstellung der hier verhandelten Personen geworfen werden, die mit – wie man heute weiß – unsäglichen Brutalitäten der Kämpfe auf den europäischen Schlachtfeldern fertig werden mussten.

In Deutschland herrschte 1914 eine große Kriegsbegeisterung, die auch Max Planck, Otto Hahn und Lise Meitner erfasst hatte. Hahn war 1915 abkommandiert worden, um im Auftrag des Chemikers Fritz Haber und zu seiner Unterstützung den Einsatz von Chlorgas an der Front in der zweiten Flandernschlacht zu überwachen.

Zwar hatten nicht nur die Deutschen, sondern alle Kriegsparteien versucht, einsatzfähiges Giftgas her- und bereitzustellen, aber gelungen war dies allen voran Wissenschaftlern in Berlin, und so konnte das

Militär des Reiches den Gegner mit einem Gasangriff überraschen, bei dem etwa 5000 Soldaten an ihrer Vergiftung starben und 10.000 kampfunfähig gemacht wurden. Es verstört heute, dass Lise Meitner an dieser Stelle Hahn „zu dem schönen Erfolg" beglückwünschte, wobei sie allgemein die Ansicht vertrat, das „jedes Mittel barmherzig ist, das diesen schrecklichen Krieg abzukürzen hilft".

Dieses Zitat wird angeführt, weil es 1945 von den amerikanischen Physikern wiederholt wurde, die im Auftrag ihrer Regierung eine Atombombe gebaut haben, in der eine ungeheure Einsicht von Lise Meitner kriegstauglich umgesetzt wurde, die ihr in einem einsamen Moment und ohne böse Absicht gekommen war, wie noch ausführlich und eindringlich zu schildern sein wird.

An dieser Stelle ist die Geschichte noch nicht im Zweiten Weltkrieg angekommen, sondern spielt noch mitten im Ersten, an dessen Beginn Lise Meitner begonnen hatte, von den drei Strahlungsarten, die man bei der Radioaktivität unterscheiden konnte und mit den ersten drei Buchstaben des griechischen Alphabets bezeichnet hatte – also als α-, β- und γ-Strahlen – die zweite Sorte genauer unter die Lupe zu nehmen.

Dabei brachten die dazugehörigen Untersuchungen zwei große Überraschungen zutage, die der Physik erhebliche Kopfschmerzen bereiteten. Zum einen stellte sich heraus, dass β-Strahlen aus Elektronen (also primär aus Teilchen) bestanden, deren Energieverteilung nicht diskret war, sondern kontinuierlich variierte. Die Elektronen stellten ein Rätsel dar, da alle Untersuchungen mit radioaktiven Rückstößen darauf hinwiesen, dass die Strahlen aus dem Kern eines Atoms kamen, und da sollten – nach allem, was die Physik sagen konnte – keine Elektronen zu finden sein. Und wenn die Quantentheorie von Planck das Innerste der Dinge und die dort wirkenden Kräfte korrekt zu beschreiben vermochte, dann mussten die Elektronen mit Energiequanten ausgestattet sein und nicht das kontinuierliche Spektrum zeigen, das sie mit Meitners Messungen von β-Strahlen zu erkennen gaben.

Das waren aufregende Themen der reinen Wissenschaft, mit denen man zwar beim Militär kein Interesse fand, mit denen Lise Meitner aber ihre Karriere in den Kriegsjahren befördern konnte, schön Schritt für Schritt. Seit 1913 gehörte sie als erste Frau zu den Wissenschaftlichen Mitgliedern der Kaiser-Wilhelm-Gesellschaft. 1918 wurde Lise Meitner die Leitung der radiophysikalischen Abteilung übertragen, was sie zur ersten Frau in dieser Führungsposition machte, und 1922 konnte sie ihre Habilitation abschließen und die Lehrbefugnis erhalten.

Vier Jahre später wurde sie zur außerordentlichen Professorin für experimentelle Kernphysik ernannt, und damit war es ihr gelungen, zur ersten Dozentin für Physik in Deutschland aufzusteigen. Inzwischen war in den inneren Kreisen der Wissenschaft klar geworden, dass sie in dem berühmten Team Hahn-Meitner die tonangebende Hälfte war, was in ihrem Institut dazu führte, dass öffentlich ausgehängte Bekanntmachungen zwar mit den Unterschriften der beiden gleichberechtigten Personen versehen waren, dort also „Otto Hahn, Lise Meitner" zu lesen stand, dass es aber nicht lange dauerte, bis jemand ihren Vornamen mit einer Schlangenlinie verziert hatte, um zwei Buchstaben zu vertauschen und das Namendoppel in die Aufforderung zu verwandeln, „Otto Hahn, Lies Meitner". Sie selbst scheute sich nicht, dem geschätzten Chemiker zu raten, „Hähnchen, lass mich das machen, von Physik verstehst Du nichts", ohne dass ihr Respekt vor den Künsten des Chemikers gelitten hätte.

Die 1920er Jahre erlebten nach dem Ersten Weltkrieg den dramatischen Durchbruch der Physiker zu der neuen Quantenmechanik. In diesen kulturell turbulenten Jahren publizierte Lise Meitner fleißig „Über die β-Strahl-Spektra und ihren Zusammenhang mit den γ-Strahlen", und sie versuchte immer wieder, „Den Zusammenhang zwischen β- und γ-Strahlen" zu klären, was sich letztlich als trickreich erwies und erst später gelingen konnte. Während die γ-Strahlen sich bald als hochenergetische Variante der bekannten Lichtstrahlen mit den dazugehörigen Teilcheneigenschaften zu erkennen gaben, brauchte die Gemeinde der Physiker ein paar Jahre, um hinter das Rätsel der β-Strahlen zu kommen. Klären konnte man ihre Natur erst, als im Jahre 1932 die Existenz eines dritten Elementarteilchens nachgewiesen werden konnte, das dem positiven Proton im Atomkern und den ihn einhüllenden negativen Elektronen an die Seite trat und die besondere Qualität besaß, nicht geladen zu sein.

Ein neutrales Ding also, das den naheliegenden Namen Neutron bekam und Lise Meitner sofort faszinierte. Bevor dies zur Sprache kommt, muss erläutert werden, dass die Neutronen mit zum Atomkern gehören und in ihm in ein Proton und ein Elektron zerfallen können, wobei die leichten negativen Teilchen das Atom verlassen und als β- Strahlen im Laboratorium gemessen werden können.

Man muss genauer sagen, dass bei dem Neutronenzerfall noch ein weiteres drittes Teilchen in Erscheinung tritt, das als winziges neutrales Gebilde Neutrino – das kleine Neutrale – genannt wird und die kontinuierlich variierende Energie der Elektronen zu verstehen gestattet. Das Neutrino ist ein Nichts, das sich dreht, wie manche Physiker seufzten, während sie oftmals vergeblich seine Parameter zu bestimmen versuchen. Das tun sie bis heute, wobei sie merkwürdigerweise immer noch nicht genau angeben können, wie viel an Masse in solch einem Teilchen steckt, falls sie überhaupt etwas von dieser Art haben. Jede Sekunde, so meint man zu wissen, durchqueren viele Milliarden von Neutrinos einen menschlichen Körper, der nichts davon merkt, und Unmengen von den exotischen Gebilden werden in den Kosmos geschleudert, wenn ein Stern kollabiert und als Supernova verglüht. Leider kann man die begehrten Dinger weder ein- noch auffangen, und wenn das gelingt, liefern die Daten mehr Rätsel als Antworten.

Da Neutrino gehört trotzdem zu den Triumphen, die der Physik in den 1930 Jahren gegönnt waren und hier nur gestreift werden, um möglichst schnell auf Lise Meitners Begeisterung für das Neutron zu kommen. Mit diesem Geschenk der Physik, so dachte sie, müsste es doch möglich sein, durch die negativ geladene Umhüllung eines Atomkerns zu kommen, um das Zentrum, den Kern, selbst treffen zu können, und es müsste aufregend sein, zu sehen, was nach dem Zusammenprall passiert.

Überall in der Welt – vor allem aber in Berlin und Paris – fingen die Fachleute nach 1932 an, Neutronenquellen zu erschließen, um die neutralen Partikel zum Beispiel auf das Uran zu lenken, dem größten unter den bekannten Elementen. Es gehörte zum selbstverständlichen Denken der damaligen Physik, dass der Kern eines Uranatoms ein eintreffendes Neutron einfangen kann und dabei größer werden würde. So ließe sich das künstlich herstellen, was man ein Transuran nannte, und viele Laboratorien waren mit Experimenten zur Produktion solcher Transurane beschäftigt. Hinter dieser weit verbreiteten und emsig betriebenen Aktivität können Historiker den alten alchemistischen Traum der Menschheit erkennen, der in der artifiziellen Umwandlung von Elementen bestand, wobei es den frühen Alchemisten in ihren Rauchlöchern vor allem darum ging, aus einem wertlos scheinenden Stoff wie dem Blei eine wertvolle Substanz wie das Gold zu machen.

Die Experten der Radioaktivität hatten bei ihren Versuchen längst bemerkt, dass die Popularität ihrer Experimente zunahm, wenn sie die dabei eintretenden Wandlungen von Atomkernen und den damit ausgestatteten Elementen als moderne Alchemie bezeichneten und so dem Publikum verkauften.

Lise Meitner gliederte sich in diese uralte Tradition der Wissenschaft ein, als sie in den 1930er Jahren mit den ihr verfügbaren Mitteln begann, Uran in der Hoffnung oder Annahme mit Neutronen zu beschießen, dabei größere Elemente, eben Transurane, gewinnen zu können. Um ihren Arbeiten Rückhalt und Richtung zu geben, hatte sie den aus Berlin stammenden Physiker Max Delbrück als ihren Haustheoretiker eingestellt, wie er sich selbst bezeichnete, der bei seiner Arbeit vor allem zu klären versuchte, wie die Neutronen ihre Energie in den getroffenen Atomkern einbrachten und auf die dort versammelten Bausteine übertrugen und verteilten.

Es war keineswegs trivial, sich auszudenken oder gar auszurechnen, was passiert, wenn Neutronen auf einen Atomkern treffen, wobei eine Schwierigkeit in der Tatsache steckte, dass niemand eine Ahnung hatte, wie stark das elektrische Feld in der unmittelbaren Nähe des Atomkerns ist. Messen konnte man innerhalb eines Atoms nicht, da die für solche Aufgaben nutzbaren Apparaturen selbst aus Atomen bestanden.

Aus diesem Grund musste sich die Theoretische Physik etwas einfallen lassen, und ihre Vertreter erwarteten in der Nähe einer Ladung im Kern ein elektrisches Feld mit hoher Intensität und somit einer Menge dichtgepackter Energie. Delbrück spekulierte, dass die einlaufenden Neutronen gegen diese immaterielle Wand prallen und einige von ihnen so gestreut werden, dass sie den Kern gar nicht erreichen. Wie sich herausstellte, gibt es solch eine Delbrück-Streuung tatsächlich — sie heißt auch so in der Fachliteratur —, nur dass bei den dazugehörigen physikalischen Vorgängen noch mehr passieren kann, als der Theoretiker anfangs dachte.

Um die wichtigste Möglichkeit zu verstehen, muss man sich die bekannteste Formel der Physik in Erinnerung rufen, auf die Albert Einstein schon 1905 gekommen ist und in der er die beiden physikalischen Größen Energie und Masse miteinander verbinden konnte. $E=mc^2$, heißt die auf vielen T-Shirts zu findende Zauberformel, in Worten: Energie ist gleich Masse mal Lichtgeschwindigkeit zum Quadrat, was bedeutet, dass sich mit dem großen Wert für die Schnelligkeit, mit der etwa Sonnenstrahlen auf ihrer Reise zur Erde unterwegs sind, enorm viel Energie in wenig Masse finden lässt. Die Gleichung $E=mc^2$ weist zudem auf die Möglichkeit hin, aus der Energie des elektrischen Feldes in der unmittelbaren Umgebung eines Atomkerns Masse herauszuschlagen und in Teilchenform freizusetzen, wenn man das Areal im Innersten der Atome erreichen und geschickt mit geeigneten Neutronen reizen kann.

Auf jeden Fall wurden in Lise Meitners Institut die Möglichkeiten der Umwandlung von Materie und Energie ausgiebig diskutiert, und hier soll auch angenommen werden, dass ein weiterer kühner Gedanke bis in die Mitte der 1930er Jahre den Weg nach Berlin gefunden hatte, der einem jungen Ungarn namens Leo Szilárd gekommen war, als er im Sommer 1933 durch die Straßen von London spazierte.

Der wissenschaftlich umtriebige Szilárd verfolgte kein besonderes Ziel an dem Tag, als eine Fußgängerampel auf Rot sprang und ihn zum Halten zwang, wobei ihn die helle Sonne blendete. Der junge Physiker schloss die Augen und sah auf einmal in seiner Fantasie, wie sich die Welt einen Riss bekam und sich ihre Zukunft vor ihm auftat. Er sah konkret ein Neutron auf einen Atomkern zurasen und bei dem folgenden Zusammenstoß zwei andere Neutronen aus ihm herausschlagen. Die stießen wiederum mit weiteren Atomkernen zusammen, wodurch sich das doppelte Freisetzen wiederholte, was sich fortsetzte und so nach und nach das in Gang brachte, was Szilárd bald eine Kettenreaktion nennen sollte. In ihrem Verlauf wurden erst aus einem Neutron zwei, dann aus zwei Neutronen vier, und so schaukelten sich die Zahlen über 8, 16, 32, 64 und 128 immer weiter auf, und nach etwas mehr als zehn nächsten Schritten konnte man schon über eine Million zählen – genau 1048576 –, und es kamen immer mehr und immer mehr dazu. Leider konnte Szilárd auf der Straße nicht weiterrechnen, denn die Ampel sprang auf Grün und er musste sein Spazierengehen fortsetzen. Dabei fragte er sich in einer anhaltenden Verwirrung, die sich nur langsam klärte, welchen Weg der Menschheit er mit seinem inneren Lichtblitz zu sehen bekommen hatte.

Lise Meitner sollte als erste in die Lage kommen, ihm diese Frage zu beantworten, aber es wird noch ein paar Jahre dauern, bis es soweit ist, und die Umstände, unter denen sie ihre Gedanken auf Szilárds Thema richtete, können als außergewöhnlich dramatisch und ebenso schwierig und folgenreich bezeichnet werden. Als der Ungar in London an der Ampel träumend auf Grün wartet, läuft in Berlin noch alles seinen normalen Gang, jedenfalls in den Instituten der Kaiser-Wilhelm-Gesellschaft, während vor ihren Toren und an der Universität bereits der Teufel los ist. Die Nationalsozialisten sind an die Macht gekommen, ihr Führer Adolf Hitler ist im Januar 1933 zum Reichskanzler ernannt worden, und Lise Meitner wird plötzlich als Wiener Jüdin schief angesehen und bedrängt.

Noch schützt sie ihre österreichische Staatsbürgerschaft, und außerdem meint sie anfangs selbst noch hoffnungsfroh, die im Radio übertragene Antrittsrede des Reichskanzlers habe „sehr moderat geklungen und sei ihr taktvoll und versöhnlich" vorgekommen. Aber sie hat im nationalsozialistischen Deutschland schnell umlernen müssen, denn als Anfang April das „Gesetz zur Wiederherstellung des Berufsbeamtentums" in Kraft tritt, entzieht ihr die Universität in kürzester Zeit aufgrund ihrer jüdischen Abstammung die Lehrbefugnis.

Sie kann ihre Arbeit nur noch in den Instituten der nicht-staatlichen Kaiser-Wilhelm-Gesellschaft fortsetzen und hier weiter nach Transuranen suchen. Sie schreibt mit Delbrück das Buch „Der Aufbau der Atomkerne", in dem es um „natürliche und künstliche Kernumwandlungen" geht, und freundet sich mit dessen Nachfolger an, dem Heisenberg Schüler Carl Friedrich von Weizsäcker, der Delbrücks Stelle einnimmt, nachdem dessen Neigung zur Genetik überhandgenommen hat und ihm die amerikanische Rockefeller Stiftung mit einem Stipendium die Möglichkeit bieten konnte, seine biologischen Interessen in den USA weiter zu verfolgen.

Delbrück verlässt Berlin 1937, und ein Jahr später bricht endgültig das Unglück über Lise Meitner herein. 1938 annektiert Nazi-Deutschland ihre österrei-

chische Heimat, sie wird dadurch deutsche Staats-
bürgerin und ist von da ab als gebürtige Jüdin mehr
oder weniger schutzlos der Naziwillkür ausgeliefert.
Otto Hahn und ihre Freunde müssen befürchten,
dass Lise Meitners Verhaftung in die Wege geleitet
wird, und sie helfen ihr, das Land Hals über Kopf zu
verlassen und ins Exil zu gehen. Im Juli 1938 flieht
sie aus Deutschland und entkommt nach Schweden, und so gastfreundlich dieses Land sich verhält,
in ihm geht Lise Meitners Leben einem Tiefpunkt
entgegen, während ihr Denken einem Höhepunkt
zustrebt, wie gleich zu erzählen sein wird.

Exil in Schweden – das klingt beim ersten Lesen
oder Hören ausgezeichnet, aber man sollte sich Lise
Meitners Situation in aller Ruhe vorstellen. Sie ist 60
Jahre alt, hat ihr bisheriges Leben in Berlin und Wien
verbracht und dabei vor allem experimentell gearbei-
tet und in ihrer Wissenschaft mit den von ihr geschätzten und sie verehrenden Kollegen eine aufregende
Phase mitgemacht. Jetzt lebt sie allein und ohne persönlichen Kontakt in einem Land, dessen Sprache sie
nicht spricht, in dem keinen Zugang zu einem Laboratorium mit geeigneten Apparaten hat, um ihre For-
schungen fortzusetzen, und ihre Verzweiflung drückt
sie im Frühjahr 1939 in einem Brief aus, den sie nach
Berlin an ihr altes Institut schickt:

„Ihr könnt Euch vermutlich nicht vorstellen,
was es für einen Menschen meines Alters bedeutet, seit neun Monaten in einem kleinen Hotelzim-

mer zu wohnen und mit der Angst zu leben, dass niemand die nötige Zeit hat, um meine Angelegenheiten [in Berlin] vorwärtszubringen. Hier im Institut bin ich ganz ohne Hilfe. Mein Leben ist so leer, dass es wirklich nicht dafür steht, ein Wort darüber zu sagen."

Ihre Angelegenheiten – damit meint sie die Frage, was passiert, wenn Neutronen Kerne in einem Uranatom treffen. Darum haben sich seit ihrer Abwesenheit Otto Hahn und sein neuer Mitarbeiter Fritz Strassmann gekümmert, wobei Delbrück bald von Amerika aus die Situation in Berlin sarkastisch durch den Hinweis kommentieren wird, dass Meitners Angelegenheiten dadurch vorangekommen sind, dass Physiker wie er das Weite gesucht und die Arbeit im Laboratorium endlich den Chemikern überlassen haben.

Hahn und Strassmann nehmen bei ihrem Vorgehen Nachrichten aus Paris ernst, wo Marie Curies Tochter Irène in ähnlich angelegten Versuchen zu dem Schluss gekommen ist, dass bei dem unternommenen Neutronenbeschuss gar keine Elemente mit höherer Ordnungszahl als das Uran – also Transurane – entstehen. Sie meint vielmehr, dabei kleinere Elemente nachweisen zu können, und in ihren Arbeiten ist von Radium die Rede. Hahn und Strassmann reagieren höchst erfreut, wussten sie bislang doch nicht, wie man das Auftreten von Elementen größer als Uran nachweisen kann, die niemand kennt. In der Region „kleiner als Uran" kennen sie sich aus, und so machen sie sich an die analytische Arbeit und trauen ihren Augen nicht, als sie das Ergebnis betrachten. Wenn Neutronen auf Uran treffen, entsteht das Element Barium, wie sie bald in Berlin nachweisen können, und sein Kern ist sehr viel kleiner und leichter als der des Urans. Kurz nach den ihn verwirrenden Messungen schreibt Hahn im Dezember 1938 einen Brief an Lise Meitner, in dem er sein altes Wort wieder benutzt und die Physikerin fragt, „Wäre es möglich, dass das Uran zerplatzt" und dabei Barium entsteht? Hahn hatte die Physiker in seinem Institut dies nicht gefragt und dieses Ergebnis seiner Experimente nur Lise Meitner anvertraut. Sie erkennt beim Lesen von Hahns Schreiben sofort, dass sein Nachweis von Barium als Folge eines „zerplatzten" Urankerns „bei der geringen Intensität der zu identifizierenden Präparate ein Meisterstück radioaktiver Chemie" ist, „das in der damaligen Zeit kaum jemand anders hätte gelingen können als Hahn und Strassmann", wie sie später in den 1960er Jahren schreiben wird. Sie versteht im selben Atemzug mit dem Brief in ihrer Hand kurz vor Weihnachten 1938 im tief verschneiten Schweden aber noch etwas anderes. Sie begreift, dass hier mehr als eine großartige Messung und ein bewundernswerter Beitrag zur Wissenschaft gelungen ist, der massive Folgen haben wird. Während sie sich Hahns Worte durch den Kopf gehen lässt, kramt sie in ihrem Gedächtnis nach den Zahlenwerten für die Massen von Uran und Barium. Sie erinnert sich an die Größen und stellt mit Erschrecken fest, dass bei dem in Berlin beobachteten Zerplatzen etwas Uranmasse verschwunden ist, was bedeutet, dass sie als Energie verfügbar geworden sein muss, wie es die berühmte Einstein-Formel $E=mc^2$ zu berechnen erlaubt. Lise Meitner setzt die Zahlen ein und stellt fest, dass durch den Neutronenbeschuss eines einzigen Atomkerns im Uran etwa 200 Millionen Elektronenvolt frei werden. Ihr wird plötzlich klar, dass die Wissenschaft den Menschen diese Energiemenge zu einer von ihnen gewünschten Nutzung zur Verfügung stellt, wobei das Ausmaß durch die erwähnte Kettenreaktion enorm gesteigert werden und dabei gigantische Dimensionen erreichen kann.

Eine unheimliche Situation kurz vor Weihnachten 1938. Lise Meitner steht einsam in einer verschneiten Landschaft in Schweden, und sie alleine versteht in diesem Moment, dass den Menschen eine völlig neue Energiequelle zur Verfügung steht, die man friedlich nutzen oder die man mit ihrer Explosivkraft zu zerstörerischen Zwecken einsetzen kann. Sie steht alleine fröstelnd im Schnee, in ihrem Kopf brennt die Erde und wie bei Szilárd in London öffnet sich vor ihr in plötzlicher Klarheit die Zukunft der Menschen, und sie sieht, wie die Welt einen tiefen Riss bekommt. Sie schüttelt sich, rappelt sich auf und fährt an die schwedische Westküste, wo sie ihren Neffen Otto R. Frisch trifft, der als Physiker in Kopenhagen bei Niels Bohr arbeitet und mit Lise Meitner Weihnachten feiern möchte. Sie ignorieren das christliche Fest und diskutieren den weltlichen Bruch.

Lise Meitner versichert Frisch, dass man an Hahns Ergebnissen nicht den geringsten Zweifel haben könne, und schlägt vor, dass sie sich zusammen mit der Physik des analysierten Vorgangs beschäftigen, was sie auch tun unter dem Tannenbaum. Sie gehen bei ihren Überlegungen von einem (heute eher als unzulänglich erkannten, damals aber weitgehend akzeptierten) Modell aus, das auf Bohr zurückgeht und in dem Kerne als Tröpfchen vorgestellt werden, deren Gestalt durch eine Oberflächenspannung stabilisiert wird, wie sie vom Wasser her bekannt ist.

Lise Meitner hat später in einem Brief beschrieben, wie sie mit ihrem Neffen von dieser Vorstellung ausgehend die „Disintegration of Uranium by Neutrons" erklären und als „New Type of Nuclear Reaction" identifizieren konnte. So heißt die Publikation der beiden, die 1939 in dem britischen Magazin „Nature" erscheint und das Bild von den Vorgängen im Atom malt, das in Meitners eigenen Worten so ausschaut:

„Wenn in einem hochgeladenen Urankern – in dem durch die gegenseitige Anstoßung der Protonen die Oberflächenspannung stark vermindert ist – durch das eingefangene Neutron die kollektive Bewegung der Kerne genügend heftig wird, so kann sich der Kern in die Länge ziehen; es bildet sich eine Art ´Taille´, und schließlich erfolgt eine Trennung in zwei ungefähr gleich große, leichtere Kerne, die dann wegen ihrer gegenseitigen Abstoßung mit großer Heftigkeit auseinanderfliegen. Wir konnten aus diesem Bild auch die dabei freiwerdende Energie abschätzen", die so gewaltig ist, dass sich Meitner und Frisch eine Zeit lang schweigend gegenüber gesessen haben, nachdem sie die dazugehörige Zahl ermittelt hatten.

In ihrer Arbeit schlagen die Autoren noch den Begriff „Kernspaltung" – „nuclear fission" – für den Vorgang vor, den Hahn „Zerplatzen" genannt und nachgewiesen hatte, was an dieser Stelle den Satz erlaubt, dass die Kernspaltung entdeckt war, wobei der dazugehörige Zeitpunkt – am Vorabend des Zweiten Weltkriegs – nur als äußerst ungünstig oder unglücklich bezeichnet werden kann.

Als Otto R. Frisch nach Kopenhagen zurückkehrt, informiert er Bohr zwar sofort über die von ihm zusammen mit Meitner gewonnenen Einsichten zur Spaltung des Urankerns, bittet den großen Dänen aber zugleich, auf seiner damals bevorstehenden Reise in die USA noch nichts von der Theorie zu verraten und erst ihre Publikation abzuwarten, um sicher zu sein, dass niemand dem Duo Meitner-Frisch die Priorität der Einsicht in die Spaltung nehmen kann. Bohr sagt wie vereinbart nichts in New York, aber sein mitreisender Kollege Léon Rosenfeld, der nur Frischs Bericht an Bohr, aber nichts von der Schweigevereinbarung mitbekommen hatte, plaudert munter über die Kernspaltung, und die amerikanischen Physiker warten nicht einmal mehr das Ende des Seminars ab, um in ihre Laboratorien zurückzulaufen und sofort die Berliner Experimente nachzumachen und die Meitner-Frisch-Deutung zu testen.

Amerika ist schon im Sommer 1939 auf dem Weg zur Atombombe, für den die Regierung eine Straße baut, nachdem ein Brief von Einstein bei Präsident Franklin Roosevelt eingetroffen ist, in dem der große Physiker seine Sorge vor einer deutschen Atombombe äußert und der USA rät, hier die Initiative zu ergreifen, um die Kernwaffe vorher zu haben. Einstein hat den historischen Brief wahrscheinlich nicht ge-, sondern nur unterschrieben, dessen Text auf den erwähnten Szilárd zurückgeht, der Einstein in seinem Exil in Princeton (New Jersey) besucht und zu der Aktion überredet hat.

Lise Meitner bekommt Angebote aus den USA, im Rahmen des Manhattan Projektes, mit dem eine Atombombe anvisiert wurde, Forschungsaufträge zu übernehmen, die sie aber dank ihrer zunehmend pazifistisch werdenden Überzeugungen ablehnt, und so bleibt sie in den Kriegsjahren bis 1945 in Schweden. Hier erfährt sie auch, dass Otto Hahn mit dem Nobelpreis für Chemie für das Jahr 1944 ausgezeichnet worden ist, für den sie – wie heute den entsprechenden Dokumenten entnommen werden kann – ebenfalls vorgeschlagen war – wie insgesamt fast fünfzigmal, immer ohne Erfolg. 1944 übernimmt ein amerikanischer Chemiker die Begutachtung, und er lehnt die Auszeichnung für Meitner mit der Begründung ab, sie habe nur theoretisch zur Kernspaltung beigetragen, während die Experimente Hahn zu verdanken seien.

Wenn die Entscheidung nicht solch eine öffentliche Bedeutung hätte, könnte man über die unfreiwillig zur Schau gestellte Naivität nur lachen, wobei das Gerangel um diesen Nobelpreis zum einen noch verwickelter ist, als es vielfach dargestellt wird, weil ja auf Seiten der Wissenschaft zusätzlich noch die Herren Frisch und Strassmann beteiligt sind (dem Hahn immerhin etwas von seinem Preisgeld überlässt).

Das Getue verdeckt zum zweiten aber vor allem, dass Lise Meitner in einer von Männern dominierten Welt vielfach nur als Assistentin betrachtet wurde, was unter anderem zur Folge hatte, dass die große Physikerin noch in den 1980er Jahren bei der Beschreibung der im Deutschen Museum in München ausgestellten Versuchsapparatur, mit deren Hilfe Hahn und Strassmann am 17. Dezember 1938 die Kernspaltung in Berlin entdecken konnten, als „langjährige Mitarbeiterin" der Chemiker bezeichnet wurde. Nirgends kann man einen Hinweis der Art lesen, dass Hahn bei Lise Meitner anfragen musste, ob sie ihm, bitte, sagen könne, was da bei seinen Versuchen mit dem Uran passiert sei.

In der Nachkriegszeit wurde sie nach den Abwürfen von Kernwaffen auf die japanischen Städte Hiroshima und Nagasaki in der amerikanischen Presse als „jüdische Mutter der Atombombe" bezeichnet. Dabei hat sie zum einen nach dem militärische Einsatz Kontakt zu Eleanor Roosevelt gehabt, der Frau des amerikanischen Präsidenten, und ihr geschrieben, „Frauen haben große Verantwortung und sie müssen versuchen einen weiteren Krieg zu verhindern".

Und sie hat zum zweiten mehrfach öffentlich zu verstehen gegeben hatte, sich niemals in den Dienst der Anfertigung von Massenvernichtungswaffen zu stellen und betont, „Wir dürfen nicht dazu gebracht werden, allzu pessimistische Schlussfolgerungen zu ziehen, nur weil die erste Verwendung der Atomenergie eine Tötungsmaschine geworden ist."

Sie hielt trotz der Gefahren, die plötzlich von der Wissenschaft ausgingen, an ihrer Treue zu dem gewählten Fach fest und schrieb dazu: „Ich liebe Physik, ich kann sie mir nur schwer aus meinem Leben wegdenken. Es ist eine Art persönliche Liebe, wie für einen Menschen, dem man sehr viel verdankt. Und ich, die ich so sehr an schlechtem Gewissen leide, bin Physikerin ohne jedes böse Gewissen."

Auch in den zwanzig Jahren, die sie in Schweden gelebt hat, ist durch „die Physik Licht und Erfüllung in mein Leben gebracht" worden. In der Beschäftigung mit den Naturwissenschaften sah sie mehr als ein intellektuelles Vergnügen: „Das ist in meinen Augen gerade der große moralische Wert der naturwissenschaftlichen Ausbildung", wie sie einmal geschrieben hat, „dass wir lernen müssen, Ehrfurcht vor der Wahrheit zu haben, gleichgültig ob sie mit unseren Wünschen oder vorgefassten Meinungen übereinstimmt oder nicht."

Otto Hahn und Lise Meitner sind lebenslang freundschaftlich verbunden geblieben. Als der Chemiker 80 Jahre alt wurde, hat es sich Lise Meitner nicht nehmen lassen, von Stockholm nach Göttingen zu fahren, um Hahn persönlich und öffentlich zu gratulieren. 1960, im Jahr danach, übersiedelt die inzwischen 80jährige zu ihrem Neffen Otto R. Frisch, der inzwischen im britischen Cambridge lebt, und hier bleibt sie, bis sie im Oktober 1968 – drei Monate nach dem Tod von Otto Hahn – im Alter von fast neunzig Jahren stirbt. Ihr Neffe kümmert sich um die Inschrift auf ihrem Grabstein. Auf ihm kann man lesen, „Eine Physikerin, die nie ihre Menschlichkeit verlor".

Die meisten ihrer privaten Gedanken hat sie für sich behalten, und bekannt ist nur, dass sie sich in die Natur zurückzog und gerne die Luft der Wälder einatmete, wenn sie sich in gedanklicher Ruhe mit theoretischen Fragen ihrer Wissenschaft beschäftigen wollte. Sie hat Freunden von vielen schlaflosen Nächten erzählt, die sie nicht mit atomphysikalischen Problemen und der Kernspaltung verbrachte, sondern die ihr das Unglück von Deutschland bereitete, als dort viele Menschen in den 1930 und 40er Jahren dort den Maßstab für Recht und Ordnung verloren hatten.

Trotz des entgangenen Nobelpreises hat die Welt Lise Meitner hoch geehrt und ihr 1955 in Deutschland zum Beispiel den ersten „Otto-Hahn-Preis für Physik und Chemie" zuerkannt und ein Jahr später in den Orden Pourle mérite für Wissenschaften und Künste aufgenommen. 1959 wurde in Berlin in Anwesenheit des namensgebenden Duos in Berlin das „Hahn-Meitner-Institut für Kernforschung" eingeweiht.

Seit 1992 gibt es einen „Lise-Meitner-Preis für Wissenschaftlerinnen aus Natur- und Ingenieurwissenschaften", seit 1994 wird in Österreich ein Lise-Meitner-Literaturpreis vergeben und 1997 tauften die Chemiker ein neu gefundenes Element auf den Namen Meitnerium. Es handelt sich um ein künstlich hergestelltes radioaktives Übergangsmetall, wie es korrekt in Fachkreisen heißt.

Besonders erfreulich ist die Tatsache, dass es viele Biographien von Lise Meitner gibt, mehr auf jeden Fall als von Otto Hahn. 2019 wurde ein Buch über sie als „Pionierin des Atomzeitalters" in Österreich zum Wissenschaftsbuch des Jahres" ausgezeichnet, und zuletzt hat der britische Autor Andrew Norman „The Amazing Story of Lise Meitner" vorgelegt und darin beschrieben, wie sie den Nazis entkommen konnte und es geschafft hat „the world´s greatest physicist" zu werden, wie Norman sie nennt.

Lise Meitners zitiertes Bekenntnis zu einer „Ehrfurcht vor der Wahrheit" hat Überlegungen zum Wissenschaftsrecht, dem Wechselspiel zwischen Forschung und Politik und die Frage nach sich gezogen, was der von ihr vertretene moralische Anspruch naturwissenschaftlichen Denkens für die Rechtsprechung bedeuten könnte.

Seit den Tagen von Lise Meitner gebührt den Naturwissenschaften im gesellschaftlichen Diskurs eine größere Rolle, auch wenn er wie gewohnt noch immer von den Kultur- oder Sozialwissenschaften dominiert wird. Man kann den Eindruck gewinnen, dass es allmählich zu einer Ausweitung der Wissenschaftsfreiheit als Grundrecht gegen die Politisierung der Forschung kommt, und wenn nicht alles täuscht, hilft der Blick auf das Leben und Wirken von Lise Meitner dabei. Ihre Zeit könnte gerade begonnen haben. Sie ist nicht nur vor Otto Hahn auf die Welt gekommen, sie beschäftigt die Menschen immer noch so stark wie Albert Einstein. Vielleicht bekommt die Physikerin nach ihrer Einsicht im schwedischen Schnee noch ihren verdienten Eintrag in dem Lexikon „Große Naturwissenschaftler", dessen Herausgeber sich lange um sie herumgedrückt haben. Es wäre allmählich Zeit für die Zeit der Frauen. Eine von ihnen hat gewusst und vorgelebt, „dass das Leben nicht einfach zu sein braucht, wenn es dafür nicht leer ist", wenn es sich auch manchmal so anfühlen kann. Lise Meitners Leben war erfüllt von „den wunderbaren Entwicklungen, die es in der Physik im Laufe meiner Jahre gegeben hat", wie sie den Menschen mitgeteilt und vorgelebt hat. Von Lise Meitner können viele auch heute noch sehr viel für ihr Leben lernen.

Foto: Der Autor vor der Skulptur von Max Delbrück in Berlin

Ernst Peter Fischer
Diplomierter Physiker, promovierter Biologe,
habilitierter Wissenschaftshistoriker

Geboren 1947 in Wuppertal; Studium der Physik und Biologie in Köln und Pasadena (USA); Promotion bei Max Delbrück (Nobelpreis 1969); apl. Professor für Wissenschaftsgeschichte in Konstanz und Heidelberg; Berater der Stiftung Forum für Verantwortung; Herausgeber (gemeinsam mit dem Stifter Klaus Wiegandt) von „Evolution" (2002), „Mensch und Kosmos" (2004) und „Die Zukunft der Erde" (2005).

Autor von mehr als 80 Büchern wie „Licht und Leben – Max Delbrück als Wegbereiter der Molekularbiologie" (1985), „Unzerstörbar – Eine Geschichte der Energie" (2014), „Die Verzauberung der Welt" (2014), „Gott und der Urknall" (2017), „Das wichtigste Wissen" (2020), „Das Licht, das Leben und die Liebe" (2021), „Die Stunde der Physiker" (2022), „Offenbare Geheimnisse" (2023); Biographien von Max Planck, Albert Einstein, Niels Bohr, Werner Heisenberg, Wolfgang Pauli und anderen Wissenschaftlern.

Auszeichnungen: Heinrich-Bechold-Medaille (1980), Preis der wissenschaftlichen Gesellschaft Freiburg (1981); Lorenz-Oken-Medaille (2002); Eduard-Rhein-Kulturpreis (2003), Treviranus-Medaille des Verbandes Deutscher Biologen (2003); Medaille der Deutschen Physikalischen Gesellschaft für Naturwissenschaftliche Publizistik (2004), Sartorius-Preis der Akademie der Wissenschaften zu Göttingen (2004); Shortlist für den NDR Kulturpreis Sachbuch 2014 und 2015; Kulturmensch der Monats Mai 2022 (Deutscher Kulturrat)

www.epfischer.com
epfischer@outlook.de